U0662326

科学与道德

钱三强
科技思想述评

黄松平　肖旭——著

GUANGXI NORMAL UNIVERSITY PRESS
广西师范大学出版社
·桂林·

科学与道德：钱三强科技思想述评
KEXUE YU DAODE: QIANSANQIANG KEJISIXIANG SHUPING

图书在版编目（CIP）数据

科学与道德：钱三强科技思想述评 / 黄松平，肖旭著. --
桂林：广西师范大学出版社，2022.10
　　ISBN 978-7-5598-5385-1

　　Ⅰ．①科…　Ⅱ．①黄…　②肖…　Ⅲ．①钱三强（1913-1992）－
科学技术－思想评论　Ⅳ．①G322

　　中国版本图书馆 CIP 数据核字（2022）第 170499 号

广西师范大学出版社出版发行

（广西桂林市五里店路 9 号　　邮政编码：541004）
（网址：http://www.bbtpress.com）
出版人：黄轩庄
全国新华书店经销
广西广大印务有限责任公司印刷
（桂林市临桂区秧塘工业园西城大道北侧广西师范大学出版社
集团有限公司创意产业园内　　邮政编码：541199）
开本：880 mm × 1 240 mm　　1/32
印张：8.875　　字数：150 千
2022 年 10 月第 1 版　　2022 年 10 月第 1 次印刷
定价：59.00 元

如发现印装质量问题，影响阅读，请与出版社发行部门联系调换。

谨以此书纪念钱三强院士逝世三十周年！

大国科技帅才：需要怎样的境界（代序）

　　王国维脍炙人口的治学三境界说，以优美的古典词语，清晰的治学时序，百年来激励了无数的治学者，并倾倒了更多的欣赏者。然而，王国维的治学概念，限于成果产出期，所指治学者，也是成熟老到的学者。所述治学是训练有素、才华卓越的治学高手临门一脚前后的功夫与惊喜。笔者以为，治学群体中人才各别，并非都已具备独上高楼望尽天涯路的能力和眼光，许多较年轻的学者，或处于训练积累阶段，或处于登峰冲顶的准备阶段，他们面临的问题还包含基本训练与素质健全等成长中的问题，因此全面论述治学境界应同时针对成长中的治学者与老到成熟的治学者。此外，王国维的三境界说，局限于治学过程的唯象性描述，而缺乏深层的解释性分析。有鉴于此，本文尝试提出更宽广的治学四境界说，这堪称大国科技帅才的四块基石，也是炼成科技帅才的必由之路。

一、读书人

一个人直接的读书经验，如观察、实验或社会体验，会对其治学产生潜在的深刻影响，构成其治学的深沉的隐性的基底。这种因人而异，极具个体性的隐性影响，与治学的关系极其复杂，往往难以捉摸。而作为间接经验的读书（含电子、网络等读物），却要有章可循得多，因此本文即以读书作为治学显性路径的起点。无论理科与文科，有幸的开拓创新者，几乎都从早年优秀的读书人成长起来。

爱因斯坦一生文理兼擅，不仅是头顶光辉的科学巨星，而且具有历史穿透力的深刻文化见解，这与早年自觉入迷的深广阅读奠定的基础有关。中学时代，爱因斯坦父母"为他提前购置了课本，以方便他在暑假自学。他不仅学习了书中的证明，而且还尝试自行证明新的理论。'他忘记了游戏，也忘记了玩件'……'他潜心求解，一坐就是好几天，找不到答案绝不罢休'"①。而一位比爱因斯坦大 11 岁的大学生塔尔梅带给他一部《自然科学大众丛书》，爱因斯坦回忆说，自己"目不转睛一口气读完"了这套包含 21 本小书的丛书。塔尔梅还送了一本几何学教科书，欧几里得几何学的严密逻辑，激起了少年爱因斯坦的激情与敬畏，几个月的光景，爱因斯坦阅读、钻研并做完了书上的证明与练习。后来，这位大学生又推荐了哲学家康德，"那时他还是个 13 岁的孩子，但是连普通人都看不懂的康德著作，他似乎都能理解"②。为进入苏黎世联邦工学院，爱因斯坦购买了三大卷高等物理教科书，"甚至在喧闹的人群中，他也能独自坐到沙发上，拿出笔和纸，……专注地思考一个问题。周围的喧哗与其说干扰了他，不如说激励了他"③。

爱因斯坦不仅在阅读上早慧，而且读书学习有方。一是写笔记，读高等物理教科书时，"在书页边缘密密麻麻写下了自己的各种想法"④，而且能将心得笔记整理成文。16 岁夏天，尚是中学生的爱因斯坦已经写出题为《磁场中的以太状态研究》的

① ［美］沃尔特·艾萨克森：《爱因斯坦传》，张卜天译，长沙：湖南科学技术出版社，2014 年，第 15 页。

② ［美］沃尔特·艾萨克森：《爱因斯坦传》，张卜天译，长沙：湖南科学技术出版社，2014 年，第 18 页。

③ ［美］沃尔特·艾萨克森：《爱因斯坦传》，张卜天译，长沙：湖南科学技术出版社，2014 年，第 21 页。

④ ［美］沃尔特·艾萨克森：《爱因斯坦传》，张卜天译，长沙：湖南科学技术出版社，2014 年，第 21 页。

文章,是为教科书与科普杂志科学动态的综述性文章,虽然稚嫩,却显示出砥心砺志于科学的精神。更为难能可贵的是,在苏黎世联邦工学院读书时,已富于深刻的批判精神,一方面肯定资深物理教授韦伯的讲授"技巧的高超而娴熟",另一方面又敏锐地觉察其"过分专注于物理学的历史基础,而不注重当下的前沿","在学习结束的时候,我们对物理学的过去一清二楚,而对他的现在和未来却一无所知"①。大学毕业后仅仅5年,爱因斯坦即创造了科学史上的奇迹,登上物理学的最高峰。可以说,早年精彩的读书生涯,为看似一举独创相对论的奇迹奠定了坚实的基础。

　　人文大师钱锺书早年博览群书的故事更有传奇色彩。"商务印书馆发行的那两小箱《林译小说丛书》是我十一二岁时的大发现,带领我进了一个新天地,一个在《水浒》《西游记》《聊斋志异》以外另辟的世界。……接触了林译,我才知道西洋小说会那么迷人。我把林译里哈葛德、迭更司、欧文、司各德、斯威佛特的作品反复不厌地阅览。"②钱锺书还曾横扫中国两个大学的图书馆:清华大学图书馆和蓝田国立师范学院图书馆。钱锺书到清华大学后的志愿是"横扫清华图书馆"。据同班同学许振德回忆:"图书馆借书之多,恐无能与钱兄相比者,课外用

---

① [美]沃尔特·艾萨克森:《爱因斯坦传》,张卜天译,长沙:湖南科学技术出版社,2014年,第30页。

② 钱锺书:《七缀集》,上海:上海古籍出版社,1994年,第82页。

功之勤，恐亦乏其匹。"另一同学饶余威回忆：钱锺书"终日博览中西新旧书籍。最怪的是上课时从不带笔记，只带一本与课堂无关的闲书，一面听讲，一面看自己的书，但考试时总是第一。……看书时喜欢用又黑又粗的铅笔划下佳句，又在书旁加上他的评语，清华藏书中的划线和评语大都出自此君之手笔"①。

当时任清华大学教授的同乡族人钱穆先生也对钱锺书的刻苦攻读欣赏有加："锺书亦在清华外文系任学生，而兼通中西文学，博及群书，宋以后集部殆无不过目。"②关于这一时期读书方法及效果，钱锺书自评说："亲炙古人，不由师授。择总别集有名家笺释者讨索之，……以注对质本文，若听讼之两造然；时复检阅所引书，验其是非；欲从而体察属词比事之惨淡经营，资吾操觚自运之助。渐悟宗派判分，体裁别异，甚且言语悬殊，封疆阻绝，而诗眼文心，往往莫逆暗契。"③连外籍教师教授的"西洋文学概要"与"西洋小说"两门课涉及的所有小说，他也几乎全部读过，考试成绩高人一等也就不足为奇。

抗战时期，钱锺书一度执教于湖南中部蓝田镇的国立师范学院，学校用巨款典借了长沙南轩图书馆的全部藏书，又接纳了山东大学和安徽大学的部分藏书。如此丰富的馆藏，再加上自己从国外带回的大量外语原著，使得钱锺书每天大部分时间

---

① 孔庆茂：《钱锺书传》，南京：江苏文艺出版社，1992年，第37—38页。
② 孔庆茂：《钱锺书传》，南京：江苏文艺出版社，1992年，第38页。
③ 孔庆茂：《钱锺书传》，南京：江苏文艺出版社，1992年，第38页。

用于读书,"一边阅读,一边做读书笔记或写作,经过一段时间,他几乎把图书馆的书都浏览了一遍"①。

笔者读书成绩不过尔尔,但有一个体会是,早期可按内容分类阅读,到一定程度,即能体会作者风格时,可盯住适合自己风格的大家,尽量读其所有的著作,每见其新作问世,尤为欣喜,立即拜读。每个人都有独特的偏好与敏感性,凡读适于自己特性或风格的著作,不仅心情愉悦,效率也更高。这种情形,不仅适于文科著作的阅读,也适用于理科,杨振宁先生曾多次论及自然科学研究中的风格,说自己喜欢爱因斯坦、狄拉克与费米的风格,而不易欣赏海森伯的风格,杨振宁不仅从科学著作的阅读中,也从直接交流中获得这样的印象。

在流行网络阅读的今天,值得反省的一个问题是,在如此便利快捷的阅读条件下,何以未见有陈寅恪、钱锺书、华罗庚、钱三强这样博学多才而有创造力的大家产生?可见他们丰富的读书经验,绝非掌握网络阅读方式就可轻易获得。传统学术大师读书的功力、方法,以及个体性的诀窍,是传统优秀文化中的精髓之一,今日的读书人不能不留心与学习。

---

① 孔庆茂:《钱锺书传》,南京:江苏文艺出版社,1992年,第90页。

二、活字典

作为治学的基础与准备，读书要达到的目的是记忆与理解，其中记忆更为基本而不可或缺。有悠久文化传统、人才辈出的中国为此创造了许多读书方法。背、诵、抄，即是最重要的方法。杨振宁回忆道：自己四岁开始识字，五岁多时能识三千字，并能背诵儿童启蒙读物《龙文鞭影》一书。但当父亲杨武之问书上讲的什么意思时，"我完全不能解释"。① 但是，这样的记诵功夫与后来的理解、思考有深刻的内在联系。苏东坡十一岁时，进入中等学校，"认真准备科举考试，……经典古籍必须熟读至能背诵。……发奋努力的学生则把历史书上的文字整篇背过。背书时不仅注重文章的内容，知识，连文字措辞也不可忽略，因为作文章用的词汇就是从此学来的。……这种背诵记忆实在是艰难而费力的苦事。传统的老办法则是要学生背一整本书，书未加标点，要学生予以标点，用以测验学生是否彻底了解。最努力苦读的学生竟会将经书和正史抄写一遍。苏东坡读书时也是用这种方法。……这种读书方法，自有其优点。因为将一本书逐字抄写之后，对那本书所知的深刻，绝非

---

① 宁平治、唐贤明、张庆华主编：《杨振宁演讲集》，天津：南开大学出版社，1989年，第115页。

仅仅阅读多次所能比。这样用功方法,对苏东坡的将来大有好处,因为每当他向皇帝进谏或替皇帝拟圣旨之际,或在引用历史往例之时,他决不会茫无头绪,就如同现代律师之引用判例一般。再者,在抄书之时,他正好可以练习书法"①。

有上述童子功与基本功的苏轼,其文史方面的创造力与自信心,千年以来,罕有其匹:"吾文如万斛泉源,不择地皆可出,在平地滔滔汩汩,虽一日千里无难。及其与山石曲折,随物赋形,而不可知也。所可知者,常行于所当行,常止于不可不止。"②在中国古代文化方面有相似训练的当代钱锺书,凡读之书,"他几乎过目不忘,尤其是集部之书更为精通,一些著名文学家的诗文别集不用说,甚至一些不入流的和无多大名气的作家的诗文集、小说、笔记和日记,你只要考问他,他都能基本不差地复述下来,有许多是一字不差地背诵下来。然而,他并不满足于这种记问之学,对每个问题又都能穷源溯流、旁征博引,一一指陈得失,如数家珍"③。

人们惊叹毛泽东的诗词创作,也知"功夫在诗外",非凡的人生为诗歌创造奠定了深厚的思想根基。但是,毛泽东的诗词创造也植根于传统的读书功夫,毛泽东可说是其喜爱的诗词作家的"活字典"。1975 年 5 月 29 日,北京大学中文系讲师芦荻

① 林语堂:《苏东坡传》,长沙:湖南文艺出版社,2016 年,第 26—27 页。
② 陈迩冬、郭隽杰:《东坡小品》,北京:当代中国出版社,2018 年,第 32—33 页。
③ 孔庆茂:《钱锺书传》,南京:江苏文艺出版社,1992 年,第 91 页。

来到患白内障的毛泽东身边,为其读书。82 岁的毛泽东吟诵了刘禹锡的《西塞山怀古》:"王濬楼船下益州,金陵王气黯然收。千寻铁锁沉江底,一片降幡出石头。人世几回伤往事,山形依旧枕寒流。今逢四海为家日,故垒萧萧芦荻秋。"用最后一句诗优雅地说出了芦荻的名字。20 世纪 70 年代还有一位给毛泽东治眼病的大夫叫唐由之,"毛泽东第一次见到他问过姓名后,立即背诵出鲁迅《悼杨铨》,……并用铅笔写在纸上,'岂有豪情似旧时,花开花落两由之。何期泪洒江南雨,又为斯民哭健儿'。一开始唐大夫愣住了,后来才明白,他的名字包含在这首诗第二句的最后两字中"[1]。

自然科学学者也不例外。杨振宁与李政道的恩师、诺贝尔物理学奖得主费米,是罕见的兼擅理论与实验的物理学大师,据一位指导过费米的前辈工程师回忆,1918 年高中毕业时,费米"已经读过所有最著名的物理学著作。……当他读过一本书以后,哪怕只读一次,他就能完全弄懂,而且永远不会忘记。例如,当他读完狄尼写的微积分教科书后还书给我的时候,我对他说可以一年以后再还我,……他的回答让我颇为吃惊,他说'谢谢,但我不需要它再放在我这儿了,我已经记住这本书的内容了'"[2]。为形成某种永久性记忆,自然科学学者与人文社科

---

[1] 江东然:《博览群书的毛泽东》,长春:吉林人民出版社,1993 年,第 327 页。

[2] [美]埃米里奥·赛格雷:《原子舞者——费米传》,杨建邺、杨渭译,上海:上海科学技术出版社,2004 年,第 14 页。

学者有些不同,除了反复背诵或抄写,还需深入理解其内在逻辑,如费米读一本《投影几何学》时,自己动手"证明了书中所有的定理,还迅速地计算了书末附录的所有问题(有 200 多个题)",此外费米还有一个"小本子","把他学过的物理知识系统地重新组织了一次,使它更有条理化。在罗马和卡沃索,它在一个皮封面的小本子上写下了许多笔记。……这件事是令人吃惊的:一个只在大学读了一年的大学生能够写出小本上这么多内容,即使对于一个多年从事物理教学的老师,这小本子也是非常有价值的"。① 费米虽是神童出身的天才物理学家,但也需要通过刻苦攻读、消化、整理有关的物理知识,形成独特的"小本子"——大脑中物理学"活字典"的文字版本。

另一位自学成才的印度数学怪杰拉马努金,也拥有一个独特的数学"活字典"大脑。华罗庚与拉马努金在剑桥大学都拜数学大师哈代为师,有一次哈代去看拉马努金,见面时哈代说:"我坐出租车来的,车号是 1729。"拉马努金立即答道:"这是个很有意思的数,它是能用两种不同方式表示成两个数立方之和的最小的数。"杨振宁对此评论说:"这个故事说明他们是极其优秀的数论学家,因为他们经常思考着这些数。他们每时每刻都在演算这些加法,因此每个数都是他们的朋友,他们了解每

---

① [美]埃米里奥·赛格雷:《原子舞者——费米传》,杨建邺、杨渭译,上海:上海科学技术出版社,2004 年,第 23—24 页。

个数的特性。因而拉马努金了解 1729 这个数的特性。当然不仅仅是数论学家如此了解本领域的基础知识,其他专家也是如此。有些人不想去熟悉一个学科的基础(例如,熟悉了解数是数论的基础),不想去熟悉前人已积累的知识,迫不及待地向前跃进,想一下迎战最现代的问题。这样是绝不会成功的。你要反复学习人们过去研究过的各种概念,当你把这些思想融会贯通之后,你会看到前人所没有看到的东西。如果你还未熟悉前人的成就,要想跳到最前沿的水平,作出真正的贡献是绝不可能的。"①

　　有条理地存储在大脑中的专门性知识,可以称为"活字典",它远不及百科全书门类齐全,信息量要小得多,与今日的互联网知识库相比,更显得微小。但是,存于脑海中的"活字典"知识是有机组织的,可以随时提取并作为创新思维原材料的活跃的知识,正如杨振宁所言,是创新道路上,"看到前人所没有看到的东西"的基础与路标。人们常常惊叹陈寅恪、钱锺书的基本功和知识量,即使有今日如此庞大、简捷的互联网相助,在知识的灵活运用与专业的创造性上,仍未见能与陈、钱匹敌者。笔者就读复旦大学研究生时,就有功力深厚的老先生告之,读研无他,做一万张卡片而已。无奈 3 年时间很难做出一

---

① 宁平治、唐贤明、张庆华主编:《杨振宁演讲集》,天津:南开大学出版社,1989年,第 110—111 页。

万张卡片。

被誉为植物学电脑的吴征镒院士，三十多岁时已做十万张植物学卡片，1955 年遴选中国科学院学部委员时，有前辈植物学界据此赞道：选 3 个学部委员都够，于是 38 岁的吴征镒成为当时最年轻的学部委员之一，耄耋之年又荣获国家最高科学技术奖。

网络普及以后，许多年轻学子已看不上老一辈文理科学者行之有效的学术训练方法——建立存储于脑海中的专门化的"活字典"。而盲目依赖快速便捷的网络知识搜索。有文章写道："拥有独一无二知识的人几乎消失了，人们有想法，但不必再有厚度。校园里的'活字典'始终令人尊敬，却看起来并非遥不可及。因为'活字典'的记忆并不比网速更快，同样的诗篇也存在于网络里；甚至当你希望找一个形容'书多'的成语，只需在浏览器里输入这个与口语无异的要求，得到的结果不见得比学究少。"①如果仅为满足某种求知欲，这样的想法自然无可厚非，但若以治学为目标，则建立一个"活字典"脑海，与掌握网络搜索方法相比，训练难度不可同日而语，而治学价值也有天壤之别。

三、学问家

如果把治学的四个进阶划为两个层次，那么上文所述的读

---

① 刘畅：《活字典》，《生活周刊》，2022 年第 3 期。

书人与"活字典"境界,是以知识积累为导向的初级阶段,而本文以下所述的学问家与原创者境界,则是以开拓创新为导向的高级阶段。文理兼通的科学大家严济慈院士有一个富有启发性的重要见解,指出了知识与学问的区别:"知识与学问有什么不同?……知识是人类对事物的了解,学问是用所掌握的知识去解决实际问题的能力。学生时代主要是获取知识,而工作以后则主要致力于将知识变成学问。"①严先生所说"解决实际问题的能力"中的实际问题,是广义的实际问题,不仅包含实际工作中的具体问题,也包含探索创新活动中的各种问题,曹雪芹所言"世事洞明皆学问,人情练达即文章"中的"学问"自然也包含在内,因限于篇幅,本文以下仅探讨与学术研究相关的学问。

对于年轻人从知识积累转向研究工作的困难,杨振宁不仅有切身体会,而且有丰富的指导经验。杨振宁刚赴美国留学时,对自身的长处与短板缺乏真切的认识,不擅长动手实验的问题暴露无遗。以至实验室主任艾里逊教授常半开玩笑地说:"哪里炸得乒乓作响,哪里准有杨振宁在场。"②最终,深识杨振宁理论优长的导师泰勒,开明地允许他以理论文章作博士论文。关于研究生们起步做研究工作的情形,杨振宁曾说:"我在

① 严陆光:《父亲严济慈》,《作家文摘》,2022年2月11日。
② 宁平治、唐贤明、张庆华主编:《杨振宁演讲集》,天津:南开大学出版社,1989年,第78—79页。

美国 37 年了,我看见过的起步做研究工作的人的数目,单在我这行里边,已上千人……,做论文的时候学习方法是另外一种方式:要寻求未知的东西,要发现哪些题目是可以有解答的……。这里头所发生的困难,绝不是中国血统的人所独有的,是大家都有的。"①"我看到物理界有许多人在念书的时候学习成绩都很好,过了二三十年,他们的差别却很大。有人做出了大成就,有人老是做一样事,费了很大的劲,却没有什么成绩。这是什么道理呢?这里虽然有能力问题,但不是主要的。最主要是会不会选择正确的方向……。那些十年前很红的方向,一般来说,经过十年的研究,往往过时了。每个领域常常是因为有了新的问题,新的办法,才变得发达起来的,……怎样才能掌握住方向呢?我建议你们每星期抽一定时间去图书馆,……看多了以后,你就能掌握住你那个领域的发展方向。"②

正确选择研究方向,对起步做研究工作的人是非常重要的建议。但是起步做研究工作时所遇到的困难还有很多,其中一个普遍的问题是如何掌握创新思维方法。爱因斯坦曾提出一个建议:"训练你的头脑去思考教科书里学不到的东西。"③爱

---

① 宁平治、唐贤明、张庆华主编:《杨振宁演讲集》,天津:南开大学出版社,1989年,第 69 页。

② 宁平治、唐贤明、张庆华主编:《杨振宁演讲集》,天津:南开大学出版社,1989年,第 129—130 页。

③ [美]爱丽丝·克拉普莱斯、特拉沃·利普斯康姆:《一路投奔奇迹:爱因斯坦的生命和他的宇宙》,邱俊译,北京:国际文化出版公司,2007 年,第 26 页。

因斯坦是运用创新思维的高手，物理教科书只是分别向学生讲述牛顿力学与麦克斯韦电磁场理论，爱因斯坦却将二者联系起来思考：麦克斯韦的光速不变原理与牛顿力学中的伽利略变换相矛盾，是牛顿错了，还是麦克斯韦有错？16 岁的中学生爱因斯坦，由此踏上创立狭义相对论的漫漫十年之路。类似这样神思妙想的创新思维，在爱因斯坦的创新实践中比比皆是，不仅如此，善于理论总结与哲学思维的爱因斯坦独创性地将"想象"，尤其是"联想"，置于科学创新思维的核心地位："想象力比知识更重要，因为知识是有限的，而想象力概括着世界上的一切，推动着进步，并且是知识进化的源泉。严格地说，想象力是科学研究中的实在因素。"①

通过进一步的反思和总结，爱因斯坦在晚年将"联想"置于概念、词语等抽象表达之前，是在思维机制中起支配作用的"创造性思维的基本特征"："写下来的词句或说出来的语言在我的思维机制里似乎不起任何作用。那些似乎可用来作为思维元素的心理实体，是一些能够'随意地'使之再现并结合起来的符号和多少有些清晰的印象"；"在创造性思维同词语或其他可以与别人交往的符号的逻辑构造之间有任何联系之前，这种结合的活动（即联想——引者注）似乎就是创造性思维的基本特

① 许良英、范岱年编译：《爱因斯坦文集》，第一卷，北京：商务印书馆，1977 年，第 284 页。

征";"当上述联想活动充分建立起来并且能够随意再现的时候,才有必要费神地去寻求惯用的词或者其他符号"。①

在晚年的《自述》中,爱因斯坦又用一定篇幅来论述创造性思维,强调"自由联想"与概念相联系是其中一个"起支配作用的元素"。② 须注意的是,爱因斯坦重视联想在创造性思维中的作用,尤其重视其启示性作用。联想以及联想相随的比喻,并非思维与语言的全部,只能用当其所,而不能随意越界运用。

联想这一创造性思维给予爱因斯坦的恩泽,不仅是牛顿力学与麦克斯韦电磁场的联系启迪了狭义相对论,也不仅是升降机中引力与加速度的联系启迪了广义相对论,联系还使自然科学家爱因斯坦的文笔出人意料的生动、深厚而优美,其中一个重要技巧是善用联想而生的比喻:他在评论学校里过分强制性的知识教学时写道:"这样脆弱的幼苗,除了需要鼓励以外,主要需要自由;要是没有自由,它不可避免地会夭折。认为用强制和责任感就能增进观察和探索的乐趣,那是一种严重的错误。我想,即使是一头健康的猛兽,当它不饿的时候,如果有可能用鞭子强迫它不断地吞食,特别是,当人们强迫喂给它吃的

---

① 许良英、范岱年编译:《爱因斯坦文集》,第一卷,北京:商务印书馆,1977年,第416—417页。

② 许良英、范岱年编译:《爱因斯坦文集》,第一卷,北京:商务印书馆,1977年,第3页。

食物是经过适当选择的时候,也会使它丧失其贪吃的习性的。"①

对倾心欣赏与尊敬的前辈科学大师洛伦兹的描绘:"洛伦兹是个神奇的智者,他行事机智得体,简直是个活着的艺术品。"②

童心未泯的老年自我形象:"我就像一个爱发奇问、百无禁忌、常使大人难堪的孩子。"③

在人文领域,钱锺书所以成为享誉中外的学问家,一个重要原因也是其神思妙连的"联想",引发出各种深厚绵长的创造性工作:

不懂日语的钱锺书受邀赴早稻田大学作《诗可以怨》的演讲时,全场不断爆发出笑声、掌声。在这次演讲结束时,有个总结,其灵魂即是汪洋恣肆、思接万绪的联想:"我开头说'诗可以怨'是中国古代的一种文学主张。在信口开河的过程里,我牵上了西洋近代,……我们讲西洋,讲近代,也不知不觉中会远及中国,上溯古代。人文科学的各个对象彼此系连,交互映发,不

---

① 许良英、范岱年编译:《爱因斯坦文集》,第一卷,北京:商务印书馆,1977 年,第 8 页。

② [美]爱丽丝·克拉普莱斯、特拉沃·利普斯康姆:《一路投奔奇迹:爱因斯坦的生命和他的宇宙》,邱建译,北京:国际文化出版公司,2007 年,第 70 页。

③ [美]爱丽丝·克拉普莱斯、特拉沃·利普斯康姆:《一路投奔奇迹:爱因斯坦的生命和他的宇宙》,邱建译,北京:国际文化出版公司,2007 年,第 188 页。

但跨越国界,衔接时代,而且贯穿着不同的学科。"①钱锺书基于联想的跨时代、跨国界、跨学科的教学风格,在中国大学也受到欢迎和推崇。

1946 年,钱锺书曾在暨南大学文学院讲授"欧美文学名著选"与"文学批评"两门课,学生对他知识的广博、讲课的潇洒,甚为倾倒,多次向他请教秘诀,他很谦虚地笑笑说:"我没什么,只不过能'联想'。"②

演讲之外,钱锺书在随意交谈中,因富于联想,经常妙喻惊人。"有一位外国女士打电话请见钱锺书,可他却在电话中说:'假如你吃了一个鸡蛋觉得不错,又何必要认识那下蛋的母鸡呢?'"③

小说《围城》有许多基于联想引发的比喻,据统计达七百余条。为讽刺主角方鸿渐骗取假文凭的比喻:"这一张文凭,仿佛有亚当、夏娃下身那片树叶的功用,可以遮羞包丑;小小一方纸能把一个人的空疏、寡陋、愚笨都掩盖起来。自己没有文凭,好像精神上赤条条的,没有包裹。"④

学术著作《谈艺录》比较南宋两大诗人陆游与杨万里的写作风格与技巧时说:"放翁善写景,而诚斋擅写生。放翁如画图

---

① 钱锺书:《七级集》,上海:上海古籍出版社,1994 年,第 133 页。
② 孔庆茂:《钱锺书传》,南京:江苏文艺出版社,1992 年,第 150 页。
③ 孔庆茂:《钱锺书传》,南京:江苏文艺出版社,1992 年,第 234 页。
④ 钱锺书:《围城》,成都:四川文艺出版社,1991 年,第 11 页。

之工笔;诚斋则如摄影之快镜,兔起鹘落,鸢飞鱼跃,稍纵即逝而及其未逝,转瞬即改而当其未改,眼明手捷,踪矢蹑风,此诚斋之所独也。……放翁《谢王子林曰》:'我不如诚斋,此论天下同'……放翁之不如诚斋,正以太工巧耳。"①

　　诗集《槐聚诗存》中也多联想妙喻,如以荷叶不亲水珠,喻心中不存挂碍:"那得心如荷叶,水珠转念无踪。"②

四、原创者

　　世界上有学问的人不计其数,可称为学问家的也不在少数。数学大师华罗庚对其中的治学者曾有深入的分析:"并不是熟悉了世界上的文献,就成为某一部门的'知识里手'了,还早呢!这仅仅是从事研究工作的一个起点。也并不是在一个文献报告会上能不断地报告世界最新成就,便可以认为接近世界水平了,不!这也仅仅是起点,具有能分析这些文献能力的报告会,才是科学研究工作的真正开始,前者距真正做出高水平的工作来,还相差一个质的飞跃阶段。"③

　　华罗庚更进一步提出了研究工作的四种境界:

---

① 钱锺书:《谈艺录》,北京:中华书局,1984年,第118页。
② 钱锺书:《槐聚诗存》,北京:生活·读书·新知三联书店,2002年,第144页。
③ 中国民盟中央宣传部:《华罗庚诗文选》,北京:中国文史出版社,1986年,第193页。

1.照葫芦画瓢地模仿。模仿性的工作,实际上就等于做一个习题。当然,做习题是必要的,但是一辈子做习题而无创新又有什么意思呢?

2.利用成法解决几个新问题。这个比前面就进了一步,但是我们在这个问题上也应区别一下。直接利用成法也和做习题差不多,而利用成法,又通过一些修改,这就走上搞科学研究的道路了。

3.创造方法,解决问题,这就更进了一步。创造方法是一个重要的转折,是自己能力的提高的重要表现。

4.开辟方向,这就更高了,开辟了一个方向,可以让后人做上几十年,上百年。①

本文所论的原创者,大致包括华罗庚先生所述的"创造方法"与"开辟方向"的治学者,他们是学问家中的学问家,其中有些人是人类文化史上具有头等光辉的巨星,他们或以基础性重大原创恩泽后学,彪炳史册;或以应用性重大原创直接或间接地影响社会面貌和推进文明进步。

由于治学的领域宽广,学科的性质各异,通向原创的突破口也各不相同。除了正确运用先进哲学思维这一共性,只能各遵其道,各得其所。以笔者较熟悉的物理学领域而言,原创者

---

① 中国民盟中央宣传部:《华罗庚诗文选》,北京:中国文史出版社,1986 年,第243—244 页。

的突破口大致有如下几种：一是哲学思维，如爱因斯坦、海森伯；二是科学实验，如法拉第、卢瑟福、钱三强等；三是数学方法，如普朗克、狄拉克；四是综合因素，如对湍流理论有突破性贡献的费根鲍姆，与"中国氢弹之父"于敏，都综合运用了物理、数学与计算机方法。

钱三强是从一流原创科学大师向大国科技帅才成功转型的典范。本书对钱三强不朽的精神、深广的思想和非凡的事功，有全面而独到的研究，本书是研究我国这位杰出复合型科学家的一大成果，必将对弘扬科学精神、深植家国情怀、提升科技管理水平与培养拔尖科技人才产生积极而深远的影响。笔者的序言，只是为深入理解一流大国科技帅才做一铺垫，或可帮助读者认识通向一流大国科技帅才之路的艰辛与复杂。虽然一流大国科技帅才的具体特点各有不同，但其早期治学四个境界的历练不可或缺。只有由此出发，成为科技原创者，最终方可跃上一流大国科技帅才的新境界。

中华民族伟大复兴的新征程，需要在世界科技创新舞台上产生众多的中国原创者和一流的科技帅才，担当引领世界科技新潮流的历史使命。可以期待，一个大师辈出、巨星不绝、佼佼者不计其数的中国科技创新局面，必将到来。

朱亚宗①

①　朱亚宗：国防科技大学文理学院教授，博士生导师。

目　录

导言 钱三强——科学与道德完美结合的典范

科学研究要有好的传统。或许,科学界最重要的传统就是:学术与道德的统一。善良、正直、谦逊、实事求是、永远进取与创新、热忱帮助年轻一代、热爱祖国、关心人类的前途等,这些就是一个优秀的科学工作者的基本品质。这也是我从弗莱德里克·约里奥和伊莱娜·居里两位导师那里得到的最重要的基本教益。顺便说一句,我国历代的学者大都也具有高尚的品德,从来是讲究道德与文章并重,而且道德先于文章的。我觉得在这一点上,东、西方文化传统是类似的。

——钱三强

万里云霄送君去，不尽长江滚滚来。钱三强 1913 年 10 月 16 日出生于浙江绍兴，祖籍浙江吴兴（现属湖州市吴兴区），1992 年 6 月 28 日逝世于北京，他是世界著名的核物理学家，1955 年被选为中国科学院学部委员，是"两弹一星功勋奖章"获得者，是我国原子能科学事业的创始人，也是邓小平希望大家记住的三位中国科技界代表人物之一。在钱三强院士逝世三十周年之际，这位昔日叱咤风云的科技帅才，似乎已逐渐淡出公众视野，但历史将永远铭记这位为民族自立与科技进步做出重大贡献的一代科技泰斗。

钱三强逝世后，周光召为《钱三强论文选集》撰写序言，追述他为中国科学事业的发展做出的贡献，赞誉他的高尚品德。周光召在序言中写道："钱三强先生正是这样一位掌握全局，运筹帷幄的指点之才，他无愧于这个时代。在科学界，他是这个时代的代表，同时，他又是时代的楷模。这并不只是由于他在原子核物理上的重要发现和做出了饮誉海内外的光辉业绩，而且还因为，他全部科学生涯中贯穿着深厚的爱国主义和崇高品格。熟悉钱先生的人，不会忘记他宏阔的胸怀，勇挑重担的气魄，杰出的组织才能，甘为人梯的精神，谦逊朴实的作风，以及只讲奉献不求索取的高风亮节。在钱先生身上，科学和道德达到了高度的统一。正是因为这样，钱三强先生才受到广大青年学生的仰慕,科学工作者的爱戴和全国人民的普遍尊敬。"①

一、历史性转变中的主导科学家

"幸运啊牛顿,幸福啊科学的童年!"②爱因斯坦曾十分羡慕牛顿处于科学童年时代的幸运。其实,爱因斯坦的羡慕蕴含了一个朴实的道理:科学家在哪个方面做出成就以及做出多大的成就,与其所处时代息息相关。牛顿在科学的童年实现了人类物理学领域的第一次大综合,缔造了科学史上一座空前的里程碑,从而被列为人类科学史上迄今为止最伟大的自然科学家之一。可以说,每一个时代都需要解决当时重大科学问题或攻克当时关键技术的科学家,其中获得成功的杰出科学家因此成为这一时代最有影响和最引人注目的主导科学家。

主导科学家随时代而变迁,以中国为例,在中国文明早期的传说时代,燧人氏、神农氏、有巢氏、庖牺氏等因发明有关民族生存的关键技术(用火、医农、建房、渔猎)而备受尊重,并被推举为王,形成技术专家为王的独特时代。进入农耕文明时代后,农业生产主导经济,社会结构日趋复杂,促进农业生产不断

---

① 钱三强著,周光召主编,《钱三强论文选集》编辑委员会编:《钱三强论文选集》,北京:科学出版社,1993年。

② 许良英、范岱年编译:《爱因斯坦文集》,第一卷,北京:商务印书馆,1976年,第287页。

发展的农耕技术、水利技术、冶炼技术,有利于君王统治与社会治理的天文学及其支撑学科数学、中医学受到重视与支持,这些领域的许多专家兼管理者成为居官的科学家,如李冰、张衡、祖冲之、张仲景、沈括、郭守敬、徐光启等,他们成为这一时代的主导科学家。①

一个科学家能成为所处时代的主导科学家无疑是幸运的,但要实现华丽转身,与时代同频共振,这不仅需要机遇的青睐和复合型的素质,更需要艰苦的付出,甚至要承担一定的风险。因此,这类科学精英在科技史上并不多见。对于中国这样一个现代科技起步较晚,科学家群体规模不大的国家更是凤毛麟角。

随着西方近代科技的东传和中国社会的变革,从 19 世纪末到 20 世纪 50 年代初,大学、研究院及某些部门的研发机构的学院式科学家成为主导科学家,李四光、竺可桢、陈省身、华罗庚、吴有训、叶企孙、钱三强、唐敖庆、卢嘉锡、胡先骕、谈家桢、梁思成即为其中的杰出代表。这些学院式科学家主要的贡献在于现代科技人才的培养与基础科学研究的奠基。在当时东西方两大阵营对峙的国际格局中,新中国的国家安全与独立自主成为时代的主题,威慑性武器的研制势所必然。这种国际局势及中国领土的完全统一问题,再加上科技与国防的空前结

---

① 朱亚宗:《科学家献身国防的机遇、途径与动力》,《国防科技》,2011 年第 4 期。

合,使中国国防科技专家赢得了千载难逢的历史机遇。

　　1955年1月15日中共中央书记处扩大会议的召开,揭开了国防科技专家成为主导科学家的这一历史性帷幕。随着中国原子能事业与核武器研制正式提上日程,以及"两弹一星"工程的逐步展开,国防科技专家和军事技术专家开始成为中国当代科技殿堂的主角,中国主导科学家又一次发生历史性转变,从封闭的学院式科学家转换为国防科学家。

　　以原子弹、氢弹研制为例,1961年11月,在中共中央直接领导下,成立了以周恩来总理为主任,由贺龙、李富春、李先念、薄一波、陆定一、聂荣臻、罗瑞卿、赵尔陆、张爱萍、王鹤寿、刘杰、孙志远、段君毅、高扬组成的中共中央15人专门委员会。从此,我国原子能事业的建设、核武器的研制、核试验工作、核科学技术工作有了强有力的领导,大大推动了我国原子能事业的发展。[①] 在原子弹、氢弹研制过程中,全国先后有26个部委、20个省(区、市)、解放军各兵种参加"会战",参与的科研机构、高等院校及工厂多达900余家,仅从1960年到1962年,从中央科研部门、工业部门抽调的高级科技专家就有232人。据不完全统计,参与原子弹工程的科技人员中,有70多人被选为中国科学院和中国工程院院士,其中就有钱三强、朱光亚、王淦

---

① 钱三强:《钱三强科普著作选集》,上海:上海教育出版社,1990年,第100—
　　101页。

昌、彭桓武、邓稼先、周光召、于敏、程开甲等一批中国当代耀眼的科学明星。

从中国主导科学家的历史性转变中,不难发现,钱三强正是这样一位在不同时代都扮演主导科学家角色的幸运儿。对此,钱三强多次直言不讳地坦承自己的幸运。20世纪30年代是原子能科学技术高歌猛进的时代,钱三强院士正是在这个时候和原子能科学技术结下了缘分。20世纪30年代,钱三强考取了中法教育基金委员会的公费留学生,奔赴世界闻名的居里实验室学习当时最前沿的学科——镭学。这对于一个刚大学毕业,刚迈出国门的青年学子,是何等幸运!

在居里实验室,钱三强十年磨一剑,终于发现了重核原子三分裂、四分裂现象,成为享誉世界的学院式科学家。后来他在《我与居里实验室》一文中写道:"我到达的时候,已经是约里奥-居里夫妇的时代。能够在弗莱德里克·约里奥和依莱娜·居里夫妇领导下做研究工作,实在是我的幸运。"①1990年,年逾古稀的钱三强在向组织递交的个人总结中再一次谈到了自己的幸运,不过这一次是庆幸自己能成为中国原子能事业与核武器研制中的一员。"我作为这场实践中的一员,尽管肩负的任务很重,遇到苦难也很多,但想到自己不单是一个科学工作者,而是共产党员,我没有任何理由不响应党中央的号召,

---

① 钱三强:《徜徉原子空间》,天津:百花文艺出版社,1999年,第130页。

为新中国的科学事业特别是自己专长的原子核科学事业奉献出一切！再说多少年所盼望的中国人扬眉吐气的这一天，终于在共产党英明领导下，经过我们共同努力实现了，我感到无比幸运！"①

二、不朽事功奠定的科技帅才地位

能领兵者，谓之将才；能将将者，谓之帅才。军事人才是这样，科技人才亦如此。科技帅才是既有深厚的学术造诣，又能把握国际竞争形势，具有高瞻远瞩的战略眼光和总揽全局的思维能力、创新能力和决策能力的战略科学家。中外历史上许多重大的科技项目和工程无不是在科技帅才的组织指挥下取得成功的。钱三强既是核物理领域的学术泰斗，又是我国原子弹研制的主要技术领导人和工程管理者，在科学研究和工程管理两个领域均取得了举世瞩目的成就，是杰出的科技帅才。

钱三强学术地位的确立主要基于留法期间取得了饮誉海内外的科研业绩：1946年他与夫人何泽慧共同发现铀核裂变的新方式——三分裂和四分裂现象，并对其机制给出了科学分析，不但揭示了原子核裂变反应的复杂性和多样性，而且提供了在断裂点附近的原子核的各种特性，成为裂变物理的一个重

---

① 葛能全：《钱三强年谱》，济南：山东友谊出版社，2002年，第351页。

要分支。约里奥向世界科学界推荐这是"二战后他的实验室第一个重要的工作"，钱三强和何泽慧的重要发现在国际科学界引起巨大轰动。不少西方国家的报纸杂志刊登了此事，并称赞"中国的居里夫妇发现了原子核新分裂法"。此时的钱三强年仅33岁，正处于赵红洲先生所说的杰出科学家首次贡献的最佳成名年龄，便充分展示了自己出类拔萃的才华，不仅为原子能科学宝库增添了瑰宝，而且成为世界核物理界的一颗耀眼的明星。

曾经指导钱三强博士论文的法国原子能专署高级专员、法兰西学院教授弗莱德里克·约里奥和巴黎理学院教授伊莱娜·居里于1948年4月26日，在钱三强回国前夕，共同写下了对他工作和品格的评语："物理学家钱先生在我们分别领导的实验室——巴黎镭学研究所和法兰西学院核化学实验室从事研究工作，时近十年，现将我们对他各方面的印象书写如下，以资佐证。钱先生与我们共事期间，证实了他那些早已显示了的研究人员的特殊品格，他的著述目录已经很长，其中有些具有头等的重要性。他对科学事业满腔热忱，并且聪慧有创见。十年期间，在那些到我们实验室并由我们指导工作的同时代人当中，他最为优异。我们这样说，并非言过其实。在法兰西学院，我们两人之一曾多次委托他领导多名研究人员。这项艰难的任务，他完成得很出色，从而赢得了他那些法国与外国学生们的尊敬与爱戴。我们的国家承认钱先生的才干，曾先后任命他担任国家科学研究中心研究员和研究导师的高职。他曾受到法兰西科学院的嘉奖。钱先生还是一位优秀的组织工作者，在精神、科学与技术方面，他具备研究机构的领导者所应有的各种品德。"①从该评价中，我们可以清晰地看到钱三强渊博的知识、聪慧的头脑和突出的创新能力。

1948年回国后特别是新中国成立后，钱三强的贡献主要体现在科研领导和大科学工程管理上。1948年8月，钱三强受聘为清华大学物理系教授，同年9月接受北平研究院邀请，在该院原镭学研究所基础上组建原子学研究所，并担任所长。1949年3月，钱三强被指定为参加在法国巴黎举办的世界人民保卫和平大会的代表之一。"钱三强认为，自己是代表团里唯一的核物理学家，应该为即将诞生的新中国核物理学尽自己的一份责任。他觉得应该利用这次难得的机会，托老师约里奥订购中型回旋加速器的电磁铁和其他一些急需的仪器，以及图书资料。"②钱三强把想法告诉代表团秘书长刘宁一，并最终报告到周恩来那里。周恩来经过研究后，认为应该大力支持钱三强的提议，并千方百计地为他弄到所需美金。钱三强正是通过自己的老师约里奥，为即将诞生的新中国购买了第一批核物理实验仪器和图书资料，为打破西方对新中国的封锁、为中国的核科

① 葛能全:《钱三强年谱》，济南:山东友谊出版社，2002年，第56页。
② 杨建邺:《物理学家与战争》，北京:解放军出版社，2017年，第288页。

学事业做出了宝贵的贡献。

新中国成立后，钱三强任中国科学院近代物理研究所（1958年7月易名为原子能研究所）副所长、所长。从1951年到1975年，钱三强一直担任这个所的所长。后来，他先后担任第三机械工业部（后改为第二机械工业部）副部长、中国科学院副秘书长、中国科学院副院长，并以他科学研究组织工作者所特有的才能，组建我国原子核科学研究基地，广泛吸收和培养原子核科学人才。他知人善用，精心组织了王淦昌、彭桓武、郭永怀、邓稼先、朱光亚、周光召、于敏、程开甲、黄祖洽等众多杰出科学家和工程技术人员进行两弹研制，领导我国的原子科学大军攻克了一个又一个理论和技术难关，并终于在1964年10月成功地爆炸了我国第一颗原子弹。

人们后来不仅称颂钱三强对极为复杂的各个科技领域和人才使用协调有方，也认为他领导的原子能研究所是"满门忠烈"的科技大本营。由于钱三强具有高超的战略思维能力、深刻的科技感知力和敏锐的时代洞察力，在中国原子能事业发展中能准确研判国际形势和科技路径，做出科学判断，我国核武器的发展才能在短时间内取得跨越式的成功。钱三强早在1960年，就颇具战略眼光地在原子能所成立轻核理论组，组织黄祖洽、于敏、何祚麻等一批理论物理学家，开始对热核材料性能和热核反应机理进行预研，为氢弹研制作了一定理论准备。随后，钱三强又主动推荐轻核理论组的主要力量与核武器研究所合并,有关工作得到迅速发展,使我国在爆炸原子弹后两年零八个月就顺利爆炸了氢弹,成为世界上从爆炸原子弹到爆炸氢弹进展速度最快的国家,也使我国在人均国内生产总值位列世界一百多位时,却成为当时世界上仅有的几个独立掌握先进核科学技术的国家,极大地提高了我国的综合国力和国际地位。

我国第三机械工业部首任部长宋任穷对钱三强在原子弹研制中的贡献给予了很高评价:"钱三强在我国原子能事业的创建与发展中,有独特的贡献。在普及原子能知识,培养、推荐科技人才,建立综合性科技基地,引起和吸收外来技术,组织领导重大科技攻关和科技协作等方面,做了大量工作,起到了别人起不到的作用。"①时隔二十余年后,邓小平在南方谈话时还饱含深情地回忆起包括钱三强在内的科学家的伟大贡献:"我要感谢科技工作者为国家做出的贡献和争得的荣誉。大家要记住那个年代,钱学森、李四光、钱三强那一批老科学家,在那么苦难的条件下,把两弹一星和好多高科技搞起来。"②

三、以身许国铸就的强大精神动力

列宁指出:"爱国主义就是千百年来巩固起来的对自己的

---

① 葛能全:《钱三强》,杭州:浙江科学技术出版社,2008 年,第 176 页。
② 邓小平:《邓小平文选》,第三卷,北京:人民出版社,1993 年,第 378 页。

祖国的一种最深厚的感情。"①强烈的爱国主义精神不可能自然而成,它是环境、教育与实践的综合结果。杰出科学家钱三强的成长经历生动地证明了这一点。

钱三强出身书香门第,从小受到了良好的教育。钱三强的父亲钱玄同是"五四"新文化运动的倡导者之一,具有朴素浓厚的爱国主义思想。自热河沦陷后,钱玄同有约三个月时间谢绝饮宴。1931 年"九一八"事变发生后,曾经留日的钱玄同即与日人断绝交往。1933 年 5 月,他亲手书写了《中华民国华北军第七军团第五十九军抗日战死将士墓碑》。1936 年,他跟北平文化界知名人士联名提出抗日救国七条要求。日寇占领北平后,钱玄同复名钱夏,表示是"夏"而非"夷",决不做敌伪的"顺民",保持了民族气节。钱三强启程赴法前,父亲谆谆教诲:"要使自己的国家强盛起来,不受人欺侮,必须有先进的思想,先进的科学。否则,只能是任人宰割。你现在出国学习,正是将来报效祖国,造福社会的好机会。"②在这样的家庭环境熏陶下,钱三强的一个突出特点就是具有深厚的爱国主义精神。大学毕业后,钱三强正是"怀着为祖国富强而奋斗的决心,离别故土,寄身异国他乡,从事科学研究和实验"③。

---

① 《马恩列斯毛论历史唯物主义》,中册,北京:北京师范大学出版社,1983 年,第 1143 页。

② 葛能全:《钱三强年谱》,济南:山东友谊出版社,2002 年,第 23 页。

③ 钱三强:《科坛漫话》,北京:知识出版社,1984 年,第 254 页。

钱三强以身许国的爱国情怀,在科技工作者心中树起了一座巍峨的精神丰碑。钱三强青年时代,正值国难当头;大学时代,他积极参加"一二·九"运动;留学时期,导师是约里奥-居里夫妇。约里奥先生受著名的反法西斯科学家郎之万的影响,是一位进步的知识分子,同时也是一名法国共产党员,十分同情被压迫民族,具有浓厚的爱国情怀。导师不仅培养了钱三强严谨的科学研究风格,而且用自己的爱国行动为钱三强树立了榜样。1948年,正当他在科学上大有作为的时候,毅然放弃国外优越的科学工作条件和优厚的待遇回到中国,决心为改变祖国科技落后的面貌服务。钱三强的很多国外友人对他的这一举动很不理解,因为他们不了解早在出国深造前就有一股深厚的爱国情愫植根于这位游子的心里。

为了实现报效祖国的崇高理想,钱三强积极追求真理,在国外留学和工作时,他就与中共旅法支部建立了联系,受到中国共产党组织及高层领导的关怀和指导,并遵从党的指示,积极参加进步活动。1948年2月的一天,钱三强经约定,在巴黎卢森堡公园与中共在欧洲工作机构的负责人刘宁一见面,交谈了准备回国的情况,刘赞成钱回国后到北方工作的想法,并介绍了国内形势,认为不久国内形势将会发生大变化。[1] 1948年回国后,钱三强受聘为清华大学物理系教授。"北平解放前夕,

---

[1] 葛能全:《钱三强年谱》,济南:山东友谊出版社,2002年,第55页。

钱三强不顾压力和危险,以母亲病重在床不能离开北平为理由拒绝登机'南迁',坚持留在北平,迎接解放。"①1949年1月北平和平解放时,他在兴奋中骑着自行车赶到长安街汇入欢庆的人群。此后,在党的领导下,钱三强做了许多团结广大科研人员的工作,在科技界起了良好的作用。

1954年1月,钱三强"经张稼夫、于光远介绍,由科学院学术秘书处支部大会讨论通过并经上级党委批准加入中国共产党组织,是回国著名科学家中最早发展的中共党员"②。我国下决心研制原子弹后,他不辞辛劳,积极投入国防科研组织管理中。在科研组织者的岗位上,钱三强尽职尽责,没有辜负历史赋予的使命。他让一大批有才能的科学家充分发挥他们的创造才能,并培养了大批科技人才,使原子弹、氢弹得以成功爆炸,重振了国威。

钱三强30多岁时已经是一位卓有成就的实验物理学家,回国后的五六十年代正是创造力旺盛的时期,诚如他自己所言,如果一头钻进实验室继续从事科学研究,很可能再搞几项重大发明创造。然而,为了全局利益,回国后他无条件地服从党和国家的需要,毅然地放弃自己心爱的科研工作,以满腔热情从事科学组织工作。钱三强因献身于国防科技事业而使纯

① 葛能全:《钱三强年谱》,济南:山东友谊出版社,2002年,第67页。
② 葛能全:《钱三强年谱》,济南:山东友谊出版社,2002年,第106页。

科学成就受到影响,但钱三强对自己的选择无怨无悔。

促使钱三强无怨无悔献身国防科技事业最强大持久的精神动力是什么呢?毫无疑问是爱国主义。正是在强烈的爱国主义精神的支配下,钱三强始终把爱祖国爱人民作为人生的最高境界,自觉地把个人志向和民族振兴紧紧联系在一起,为中国重要的尖端国防科技——原子弹和氢弹的成功研制做出了不可替代的重大贡献,真正做到了为祖国强盛和人民幸福鞠躬尽瘁,死而后已。"可以毫不夸张地说,在国防科技这个计划性强、保密性严、应用为主而非市场化的领域里,最强烈、持久而普遍的精神动力是爱国主义,它超越时空,古今中外,概莫能外。"①而像钱三强这样自始至终参与中国国防科技事业、不计个人科学成就的拔尖科学家的献身精神,真可谓感天动地!

四、高尚品格贯穿的无瑕科学人生

人类科技史上有不少单项素质突出的创新人才,也有素质缺陷严重甚至违背人类思想政治与道德准则的科学家。1970年,美国生物学家巴尔的摩因为发现一种病毒中的逆转录酶而轰动世界,并因此荣获1982年诺贝尔生物学与医学奖。但是,这位大名鼎鼎的科学家与人合作发表在1986年4月《细胞》杂

① 朱亚宗:《科学家的精神动力与爱国主义》,《湖南社会科学》,2005年第6期。

志上的文章却是一篇伪造数据、冒充创新的论文，在美国联邦经济情报局调查的压力下，巴尔的摩宣布撤回论文，并公开道歉。因发明晶体管而荣获诺贝尔物理学奖的肖克利却是一位有纳粹倾向的科学家。① 但是历史总是将最高声誉给予道德品质高尚、政治方向正确而又有伟大创新精神的科学家，如爱因斯坦在世纪之交的千年伟人评选中名列前茅，便是实至名归。

人们之所以强调科技人才的综合素质，乃是出于人类文明的基本价值观念和先进的文化思想。情况正如爱因斯坦悼念居里夫人的文章所指出的："在像居里夫人这样一位崇高人物结束她的一生的时候，我们不要仅仅满足于回忆她的工作成果对人类已经做出的贡献。第一流人物对于时代和历史进程的意义，在其道德品质方面，也许比单纯的才智成就方面还要大。即使是后者，它们取决于品格的程度，也远超过通常所认为的那样。"②接触过钱三强的人，一定会认为这种评价放在钱三强身上，也是极为恰当的。他勇挑重担的气魄，他豁达大度的胸怀，他谦逊朴实的作风，他只求奉献不求索取的高风亮节，所有这一切都难得地集中在一个人的身上。钱三强在科学与道德上达到高度统一与他从导师那里得到的教益有关。他在谈到

① 朱亚宗、李俭川：《研究生"成才教育"：一个亟待重视的教育环节》，《学位与研究生教育》，2010 年第 9 期。
② 许良英、范岱年编译：《爱因斯坦文集》，第一卷，北京：商务印书馆，1976 年，第 339 页。

科学要有好的传统时指出："或许,科学界最重要的传统就是:学术与道德的统一。善良、正直、谦逊、实事求是、永远进取与创新,热忱帮助年轻一代、热爱祖国、关心人类的前途等,这些就是一个优秀的科学工作者的基本品质。这也是我从弗莱德里克·约里奥和伊莱娜·居里两位导师那里得到的最重要的基本教益。顺便说一句,我国历代的学者大都也具有高尚的品德,从来是讲究道德与文章并重,而且道德先于文章的。我觉得在这一点上,东、西方文化传统是类似的。"①

　　钱三强的崇高品格表现在他豁达大度的胸怀上。1957年以后,党的指导思想逐渐发生"左"的偏差,极左思想严重损害了我国的科研事业。对此,生性耿直的钱三强出于科学家以真理为贵的本能和对党的事业的忠诚,曾经进行过抵制,对党的知识分子政策提出了善意的批评和建议。然而,钱三强的很多正确的意见却被错误地当作"右"的观点加以批判,受到了不公正的对待,先后多次蒙受挫折。"文革"中甚至被抄家和隔离审查,个人日记本和许多私人材料被抄走,下放陕西郃阳(今合阳县)"五七干校"劳动,并被剥夺了从事科学研究的权利。对于这些批判和斗争,钱三强虽然极感苦闷,但仍以大局为重,积极投入工作。钱三强从来不为个人的利益去找领导人诉苦、辩白。他没有这样的时间和精力,也羞于启齿。从钱三强对待挫

---

① 钱三强:《徜徉原子空间》,天津:百花文艺出版社,1999年,第154页。

折的态度中,我们可看出他以大局为先,豁达大度的伟大胸怀。

钱三强的崇高品格还表现在他谦逊朴实的作风上。熟悉钱三强的人都知道他非常谦虚,从来不强迫别人接受自己的观点,即使与下级、与青年学生讨论问题,也一贯以平等的态度来对待。原子弹爆炸成功后,国内外媒体将钱三强誉为"中国原子弹之父",钱三强一直反对这种提法。当时及后来都对此表示过:"中国原子弹研制成功绝不是哪几个人的功劳,更不是我钱三强一个人的功劳,而是集体智慧的结晶。"他有劳而不显,建功而不傲,将自己视为滴水,融于大海之中。同时,钱三强一再告诫核科学技术领域的同志们,不要追逐个人名利,要服从国家需要,应该打算隐姓埋名,一辈子默默无闻地工作下去。正是在像钱三强这样的老一辈科学家的带领和影响下,我国一大批优秀科技工作者,自觉自愿地把青春和毕生精力贡献给了原子能事业,在鲜为人知的艰苦条件下默默无闻地奋斗了几十年。

钱三强不愧为科技界公认的科学和道德完美结合的典范,他既有享誉国内外的科学成就,又具引领科学家团队和推进重大工程的管理才能,是科技界难得的领袖科学家。更重要的是,他具有勇挑重担、豁达大度、谦虚朴实的品格。其科学思想、学术体系、治学风格和崇高品格构成了富有科学精髓和时代特色的"钱三强科学家精神",这必将像其杰出的科学成就一样,在科学史上闪烁着令人崇仰的熠熠光辉!

第一章　钱三强在我国原子弹、氢弹研制中的功绩

　　过去也好，今天也好，将来也好，中国必须发展自己的高科技，在世界高科技领域占有一席之地。如果 60 年代以来中国没有原子弹、氢弹，没有发射卫星，中国就不能叫有重要影响的大国，就没有现在这样的国际地位。这些东西反映一个民族的能力，也是一个民族、一个国家兴旺发达的标志。

——邓小平

　　人类已经从"大规模生产的年代"发展到了"大规模工程的年代"，科学家、技术专家和工程师的通力合作是工程得以顺利完成的重要保证。科学成就和技术进展正是通过工程转化为

有用的产品或公共设施,科学家也因此成为工程共同体不可或缺的组成部分。特别是在重大工程中,科学家占据着重要地位、扮演着多重角色,其作用愈来愈突出,主要体现在:一、攻克重大工程的科学原理和关键技术;二、直接参与重大工程的组织管理;三、为科技发展和重大工程提供战略咨询。

钱三强在我国原子能事业发展中做出了杰出贡献。钱三强早年就在中国顶尖大学和世界一流原子核科学研究基地学习工作,并在核物理领域做出了重大的贡献,其中最重要的是发现了重核原子的三分裂、四分裂现象,在学术界产生了深远而广泛的影响,成为学界同行公认的有广阔发展前景的优秀人才。新中国成立后,钱三强作为科技领军人物全身心投入我国原子弹、氢弹的研制工作。他除了结合自身专业参加具体的理论研究与技术攻关外,还在战略决策与推动、工程组织与管理、人才培养与发现等方面发挥了不可替代的作用,成为我国原子能事业的开创者和组织者,被誉为"中国原子弹之父"。

一、"核科学皇族"指导下的最优秀者

钱三强自幼聪颖好学,具有追求真理、探索未知的强烈愿望和坚定信念。他少年时代随父在北京生活,曾就读于蔡元培任校长的孔德中学,受到良好的教育。他在年轻时就怀有强烈的爱国热情,曾积极参加"一二·九"爱国学生运动。1932年,钱三强考入清华大学物理系。1936年,他大学毕业后担任了北平研究院物理研究所严济慈所长的助理,从事分子光谱学的研究。

1937年6月,24岁的钱三强,在导师严济慈教授的鼓励下,通过中法基金会考试,获得唯一的镭学留法研究生资格。经过一个多月的乘船旅途颠簸,钱三强于同年7月抵达法国巴黎。当时恰逢他的恩师、北平研究院物理研究所所长严济慈到巴黎开会,严济慈将钱三强推荐到巴黎大学镭学研究所居里实验室,导师就是居里夫人的女儿、诺贝尔物理学奖获得者伊莱娜·居里及其丈夫约里奥-居里。大名鼎鼎的居里实验室,被世界科学界称为“核科学皇族”,居里一家人在这里三次摘取诺贝尔奖的桂冠。20世纪30年代的居里实验室,保持了世界最先进最重要的原子核科学研究基地的地位,这并不是依靠居里夫人的名声,而主要是由于约里奥-居里夫妇的一系列杰出的工作。到了巴黎之后,钱三强跟着约里奥先生做博士论文实验设备的准备工作。在实验室,钱三强尽量多干具体的工作,吹玻璃、照相、光谱分析这类工作,其他外国留学生不愿动手做,而他总是不厌其烦,伸手就干。除了自己的论文工作,钱三强一有机会就帮别人干活,目的是想多学一点实际本领。①

1937—1941年,钱三强在导师伊莱娜·居里的指导下,在

---

① 钱三强:《我和居里实验室》,《天津科技》,2004年第2期。

巴黎大学镭学研究所居里实验室从事原子核物理研究工作。1939 年他与导师合作,研究发现铀、钍受中子打击后得到镧(半衰期 3.5 小时)的同位素,β 射线谱是一样的,说明它们是同一种放射性同位素,这一工作有力地支持了当时刚发现的裂变现象的解释。1940 年,钱三强获得法国国家博士学位。1941 年底,由于战争原因,预备回国的钱三强途中受阻,便在法国里昂大学物理研究所从事研究工作并指导大学生的毕业论文。1943 年,钱三强重返巴黎,他先后作为法国国家科学研究中心的研究员和研究导师,在法兰西学院核化学实验室(主任是弗雷德里克·约里奥教授)和巴黎大学镭学研究所居里实验室进行研究工作,并指导研究生开展科研工作。

在法国期间,钱三强根据贝特的带电粒子穿过物质时慢化的理论,首次计算出弱能量电子的(真)射程和能量关系,获得了弱能量电子射程与能量关系的曲线(1944 年);他与布依西爱和巴什莱合作,用正比放大器首次测出原锕的 α 射线的精细结构(1946 年);1946—1947 年他与夫人何泽慧合作,首次发现铀的三分裂和四分裂现象(约三百个裂变中有一个三分裂,上万个裂变中有一个四分裂)。三分裂出现的概率虽然只有 1/300,但仍有较重要的意义。首先,这是"研究裂变过程中的断裂点特性的一种有效的、直接的探针",也就是第三个带电粒子正好是在断裂的瞬间发射出来的碎片,这一较轻的碎片携带着断裂点原子核的许多信息。其次,三分裂中 7% 是产生一个氚核,这在慢中子反应堆里是不可忽视的有重要意义的物理量。因为这意味着氚的产生将高达 2.3×10^{-4},这是在核反应堆中如何避免氚所造成的环境污染所必须考虑到的问题。①

这一发现发表后,立即引起国际科学界的普遍关注。夫妻二人在研究铀核三裂变中取得了突破性成果,被导师约里奥向世界科学家推荐,不少西方国家的报纸杂志刊登了此事,并称赞"中国的居里夫妇发现了原子核新分裂法"。1946 年,法国科学院还向钱三强颁发了物理学奖。约里奥-居里教授认为,这是第二次世界大战后,他的实验室里第一个最重要的工作。钱三强的关于铀核三分裂机制的解释,很快为各国物理学界接受。这一研究成果,使人类对核裂变的认识向前推进了一大步,在国际科学文献上写下了浓墨重彩的一笔,也使他一举成为耀眼的科学明星。

由于钱三强在研究工作中取得举世瞩目的成就,他在法国科学界的声誉不断提高。1946 年法国国家科学院赠给他最优厚的亨利·德帕尔维尔科学奖金。随后,钱三强被破格晋升为法国科学院研究中心的研究导师。在当时留法人员中,得到这样重要学术职位的,只有钱三强一人。此外,钱三强还在铷分子的吸收带光谱及其离解能(1937 年)、α 粒子与质子的碰撞(1940 年)、射钍的 γ 射线(1941 年)、射铟软 γ 线的强度(1942

---

① 何祚庥:《悼念钱三强同志》,《中国科学院院刊》,1992 年第 4 期。

年）、用照相乳胶记录带电粒子（1943 年、1946 年）、锎及锎 K 的 γ 射线（1944 年）、镭 D 和荧光 L 线谱（1945 年）、钍的裂变能（1947 年）等多方面进行研究，获得许多有意义的结果，先后发表 30 多篇论文。

作为对钱三强在法国学习和从事研究工作的评价，居里夫妇在钱三强回国前夕曾写下长篇评议书，对其学术能力和个人品格给予高度评价："钱先生在我们共事期间，证实了他那些早已显露了的研究人员的特殊品格，他的著述目录已经很长，其中有些具有头等的重要性。他对科学事业满腔热情，并且聪慧有创见。我们毫不夸大地说，10 年期间，在那些到我们实验室并由我们指导工作的同时代人当中，他最为优秀。"①正因为钱三强的出色表现，导师对其极为器重与信任，也与其坦诚地谈论自己的见解。在钱三强回国之前，约里奥对其阐述了"中国反对原子弹，必须自己掌握原子弹"的观点。这一见解令钱三强印象深刻，并把这位著名原子能科学家的提示带到了我国最高决策层。于光远认为，"从时间上来说我们国家下决心努力掌握原子弹，是从钱三强把他的恩师约里奥-居里的'中国反对原子弹，必须自己掌握原子弹'的提示带给了我们的党，1955年在中南海毛泽东的会议室，下了决心的时候开始的"②。

---

① 葛能全：《魂牵心系原子梦：钱三强传》，北京：中国科学技术出版社，2013 年，第 175 页。

② 葛能全：《钱三强》，贵阳：贵州人民出版社，2005 年，《代序》。

二、中国原子能事业的开创者和组织者

1948 年,阔别故土 11 年的钱三强怀着为祖国发展科学的愿望,放弃国外优裕的条件,与夫人何泽慧回到灾难深重的祖国。他首先应清华大学理学院院长叶企孙的邀请,担任了清华大学物理系的教授;同时与彭桓武、何泽慧等积极筹立了北平研究院原子学研究所,并任所长,成为国内原子核物理研究的先驱。新中国成立前夕,钱三强不顾压力和危险,拒绝"南迁",在北平继续进行研究工作,迎接解放。1949 年 4 月,钱三强便受党中央派遣,以中国代表团团员的身份出席世界人民保卫和平大会。他深谋远虑,临行前便主动向负责具体组团事务的丁瓒反映了自己的一个想法:建议借去巴黎开会之机,带些外汇(约 20 万美元),转请约里奥-居里先生采购些紧缺而不可得的开展原子核科学研究的某些仪器设备和图书资料,以便避开封锁带回国内,日后开展研究应用。① 这一建议为周恩来所采纳。后来,核物理学家杨澄中回国时,约里奥-居里让其带回了钱三强托买的图书资料。这些资料,在中国开展原子能研究的早期,发挥了应有的作用。从这一细节可以看出,钱三强极具战略眼光,很早就预见了中国要发展原子能,并为我国的原子能

---

① 葛能全:《钱三强年谱》,济南:山东友谊出版社,2002 年,第 68 页。

事业做了未雨绸缪的准备,不愧为我国原子能科学事业的创始人和先行者。

1949年11月,钱三强被任命为科学院计划局副局长。该局当时首要的任务便是接收旧的研究机构和提出调整工作方案。钱三强出于职业的敏感性,上任伊始就为建立新的物理学机构而奔走呼号。在他的努力下,中国科学院近代物理研究所(设在北京,1952年改名为物理研究所,1958年改名为原子能研究所)于1950年5月正式成立了。近代物理研究所由吴有训任所长,钱三强任副所长。1951年2月,吴有训辞去近代物理研究所所长职务(因1950年12月已被任命为中科院副院长),钱三强接任所长。1952年由王淦昌、彭桓武任副所长。"建所初期,工作和生活条件都很艰苦,西方国家又对我国实行禁运。有钱买不到商品仪器,于是,研究所负责人钱三强、王淦昌、彭桓武领导全所人员学习延安'自己动手,丰衣足食'的革命精神,自己动手制造各种设备,虽然困难不少,所花的时间多一些,但是锻炼了年轻的科技工作者,使他们在制造设备过程中掌握了不少必要的技术知识,对以后独立开展研究工作有很大的好处。"[①]

在研究所成立后,鉴于研究原子核科学所需要的设备比较昂贵,旧中国从事原子核科学研究的人员数量又少,若人力分

---

① 钱三强:《钱三强科普著作选集》,上海:上海教育出版社,1990年,第95页。

散、设备重复,则不利于研究工作的开展,因此,在建所初期,就决定先集中建立我国第一个原子核科学技术研究基地,建设各种有关的研究设备,发展有关的科学技术,有计划地培养青年,使之既为我国原子能应用的需要做准备,也为原子核科学进一步发展在人力、物力上打好基础。根据这个指导思想,从1950年起,钱三强在聚集人才上做了三方面的工作:尽量争取科学家、教师和技术人员来所工作或兼职;争取在国外的中国科学家及留学生归国参加工作;选拔国内优秀大学毕业生来所培训。作为所长的钱三强殚精竭虑,求贤若渴,广揽人才。两三年内,这个研究所便获得飞跃发展。国内外风闻它将成为新中国核物理研究中心,这方面的人才纷纷汇集北京。[1] 1950—1953年回国到所参加工作的科学家和留学生有:赵忠尧、肖健、邓稼先、金星南、郭挺章、胡宁(与北京大学合聘)、朱洪元、杨澄中、陈奕爱、杨承宗、戴传曾、梅镇岳等。[2]

曾亲历钱三强领导原子能所大发展的杨桢在后来回顾说:"在钱先生的精心组织和安排下,中国的近代物理:高能、基本粒子、核物理、原子能乃至放射化学的雏形,就在这小小的灰楼里得以形成。"[3]钱三强借此也实现了核物理科研力量的统一组

---

① 郭沫若、徐迟等:《科学的春天》,北京:北京出版社,1979年,第106页。

② 钱三强:《钱三强科普著作选集》,上海:上海教育出版社,1990年,第95页。

③ 杨桢:《纪念钱三强老师——1994年1月11日高能所纪念四位前辈会上的讲话》,引自《钱三强年谱长编》,北京:科学出版社,2013年,第299页。

合,完成了自己回国初期的夙愿。对此,著名核物理学家王淦昌曾评价钱三强说:"中国核物理有了他的组织领导,才团结了全国核物理界,他的功劳最大。"①

1955年,新中国经过几年的经济恢复之后,国民经济逐步好转。由于新中国成立伊始便处在东西方两大阵营严重对峙的国际格局中,国家安全和独立自主成为时代的主题,威慑性武器的研制势所必然,党中央适时地把战略目标集中到新兴的尖端科技上。1955年1月14日,周恩来总理向李四光、钱三强详细询问了我国核科学研究人员、设备和铀矿地质资源的情况,还认真、细致地了解了核反应堆、原子弹的原理和发展核能技术所需要的条件。翌日,毛泽东在中南海主持召开中央书记处扩大会议,出席会议的有刘少奇、周恩来、朱德、陈云、彭德怀、彭真、邓小平、李富春、薄一波等,这次会议专门研究发展我国原子能事业的问题。

毛泽东在这次会议总结性的讲话中说:"我们的国家,现在已经知道有铀矿(1954年10月,我国地质工作者在广西富钟县黄羌坪采集到新中国第一块铀矿石标本——笔者注),进一步勘探一定会找出更多的铀矿来。解放以来,我们也训练了一些人,科学研究也有了一定的基础,创造了一定的条件。过去

---

① 孙丽:《两弹一星领军科学家的贡献及其启示解读》,《自然辩证法研究》,2011年第3期,第96页。

几年其他事情很多,还来不及抓这件事。这件事总是要抓的。现在是时候了,该抓了。只要排上日程,认真抓一下,一定可以搞起来。"他还强调说:"现在苏联对我们援助,我们一定要搞好! 我们自己干! 也一定能干好! 我们只要有人,又有资源,什么奇迹都可以创造出来。"这次会议后来被视为中国核工业建设的开始,更重要的是,国防科技专家和军事技术专家开始成为中国当代科技殿堂的主角。① 在这次会上,钱三强受邀介绍关于原子能研究的情况,他用自己的聪明才智为党中央确立发展原子能事业的决策提供了重要的依据。

随后,为了加强对原子能事业的领导,1955 年 7 月,中共中央指示陈云、聂荣臻、薄一波组成三人领导小组。为适应我国原子能事业发展的需要,1956 年 11 月,国务院成立了以宋任穷为部长,刘杰、袁成隆、刘伟、雷荣天、钱三强为副部长的第三机械工业部(1958 年以后改称第二机械工业部),具体负责组织实施我国原子能事业的建设和发展。作为部门领导班子中唯一学过核科学的人,钱三强肩负的使命和重任可想而知。此前,国务院还组建了国家建委建筑技术局,负责新的核科学基地的建设,刘伟任局长,钱三强被任命为副局长,刘杰、刘伟、钱三强等选定北京远郊区坨里作为建设反应堆和回旋加速器的地址。中国科学院为了促进核科学技术的发展,也成立了以李

---

① 钱三强:《钱三强科普著作选集》,上海:上海教育出版社,1990 年,第 100 页。

四光为主任委员,张劲夫、刘杰、钱三强为副主任委员的原子核科学委员会。

1956 年,周恩来总理主持制定了我国科学发展十二年规划。规划中原子能科学部分由王淦昌主持,在北京和所内专家拟定了初稿。不久,王淦昌去苏联参观访问,在那里与钱三强、赵忠尧、彭桓武、何泽慧、力一、杨承宗等共同修订了初稿。规划包括:低能核物理、应用核物理、宇宙线、高能物理、反应堆、加速器、放射化学、同位素制备等方面的内容。经周恩来总理审定后,正式列入我国科学发展十二年规划,成为发展我国核科学的一个蓝图。① 同年 9 月,正在兴建的坨里实验基地与物理研究所合并组建为一个原子核科学研究中心,其名称仍为中国科学院物理研究所。钱三强仍任合并后的物理研究所所长。

1958 年 7 月 1 日,重水反应堆、回旋加速器等设备正式建成,物理研究所也易名为原子能研究所。至此,中国第一个综合性的原子核科学技术基地已初步成型。1959 年 6 月,苏联撕毁协议,中共中央决定自力更生发展中国的原子能事业,我国的核科学研究转入全面支持原子能工业的阶段。中国科学院原子能研究所作为我国第一个综合性的核科学技术的基地,充分发挥了多学科、综合性的优势,承担了繁重的科技攻关和培训干部的任务,选派和推荐了大批优秀科技工作者直接参加原

---

① 钱三强:《钱三强科普著作选集》,上海:上海教育出版社,1990 年,第 102 页。

子能工业。

作为所长的钱三强在这一段时间忙得不亦乐乎。"他不仅承担了繁重的科技攻关任务,还积极选派和推荐优秀科技专家(如王淦昌、彭桓武、郭永怀、朱光亚、邓稼先、周光召、于敏、黄祖洽、陈能宽、胡仁宇等)到第二机械工业部(下文简称"二机部")有关院、所、厂负起科技领导责任。同时,他和中国科学院其他领导(裴丽生、秦力生和谷羽等)一起,亲自率领工作组到东北、西北、上海等地安排落实任务,广泛调动中国科学院的力量,在铀矿评价、采选、铀化学化工、铀同位素分离、扩散分离膜的研制及高效炸药等方面组织联合攻关,使许多关键问题得到解决。"①

奥本海默因在美国原子弹研制中的独特作用,被誉为美国的"原子弹之父"。有人说钱三强是中国的奥本海默。中美两国情况不同,不可机械地比喻。但是,钱三强确实为组织中国的原子能事业的发展,做出了卓越的贡献。这一点他应该是当之无愧的。② 可以毫不夸张地说,在我国的核武器研制以及原子能研究事业中,他是最关键、最重要的技术领导人之一。他在技术决策、科技人员选调、部门协调、技术攻关、技术与人员

---

① 钱三强:《钱三强文选》,杭州:浙江科学技术出版社,1994 年,第 4 页。
② 王春江:《裂变之光——记钱三强》,北京:中国青年出版社,1990 年,第 218 页。

管理等各个方面都做了大量工作,做出了杰出贡献。① 其实,钱三强在中国"两弹"事业中所占的分量相对奥本海默之于"曼哈顿工程",可谓有过之而无不及,两人献身本国国防的持久性与积极性更不可同日而语。

美国"曼哈顿工程"是在爱因斯坦、西拉德等以宏观战略家的建议推动罗斯福决策后,布莱特负责该计划却难以为继时,改由奥本海默组织实施的。钱三强则自始至终都在参与中国"两弹"工程,且参与途径各式各样:他列席了毛泽东主持的中央书记处扩大会议,并在会上为最高决策层讲解了原子弹和氢弹的有关知识及核爆炸的防护措施等,为政治家制定战略决策提供了科学的依据,这也是新中国科学家参与和支持政治家做出发展尖端武器决策的经典事例;中央决定发展本国核力量后,他又成为规划的制定人;三机部成立后,他是这个部唯一科班出身的副部长,为政府高级行政干部,不遗余力地抓原子能科学技术组织工作;他还亲自领导了一个研究所,这个所后来成了中国研究原子核科学技术的基地,为中国原子能事业,真正做到了"满门忠烈"。截至钱三强去世那年,据何祚庥院士统计:"在现有的 105 名数理学部委员中,有 26 位是来自近代物理所。如果再加上已故的杨澄中、戴传曾、肖健、邓稼先、金建

---

① 王渝生:《中国科学家群体的崛起》,济南:山东科学技术出版社,1995 年,第 20 页。

中等学部委员,约有30位之多!在技术科学学部和化学学部,也有不少来自近代物理所的学部委员。"①

植物界中有这样一种现象:当单株植物生长时显得黯然、单调、缺乏生机,而当与众多植物一起生长时它们却茂密、簇拥、生机盎然。植物界把这种现象称为"共生效应"。钱三强参与创建的近代物理所及其所在的原子能研究所就是一个人才共生之地。

钱三强主张的宗旨是:"我们不只是培养几个杰出的学者。我们的目的是建立一支科研队伍。"②更重要的是,他回国后还培养和选拔了一批从事原子核科学的人才,为发展我国核科学技术准备了力量。单从其中的任何一点来说,钱三强都可在中国当代科技史上彪炳千秋,也可以毫不逊色地跻身于中国当代最耀眼的科学明星之列。以下是笔者总结的钱三强在中国原子能事业中创下的多个第一,从这里我们可以窥见他为我国原子能事业立下的不朽功勋。同时,也以不可争辩的事实证明了钱三强是我国原子能事业的创始人和积极推动者。

---

① 何祚庥:《悼念钱三强同志》,《中国科学院院刊》,1992年第4期。
② 杨桢:《纪念钱三强老师》,《现代物理知识》,1994年第4期。

时　间	钱三强在中国原子能事业中创下的第一
1949.4	获 5 万美元专款,用于到国外订购开展原子核科学研究的必要仪器设备和图书资料。成为我国被特批科研经费用于开展原子核科学研究的第一人
1952.10	在中科院近代物理研究所主持制定了中国发展核科学的第一个五年计划(1953—1957),为发展我国核科学奠定了基础
1953.7	向中央建议发展原子能事业,这是我国科学家第一次正式向最高层建议发展原子能事业,引起中央高度重视
1955.1.15	应邀列席中共中央书记处为发展原子能事业而召开的第一次最高决策会议,就发展原子能的有关问题在会上做了情况汇报,并用铀矿标本和探测器进行现场表演
1955.5	邀请胡济民、朱光亚、虞福春成立了第一个正规培养原子能科技人才的机构——近代物理研究室,并从翌年 3 月开始选拔第一批大学高年级学生,进行原子能专业培训
1957.12	组织和领导建成中国第一台高压静电回旋加速器

时　间	钱三强在中国原子能事业中创下的第一
1958.6	担任中国第一个比较完整的、综合性的原子核科学技术研究基地——中科院原子能研究所首任所长
1958.6.13	组织和领导建成我国第一座原子反应堆,标志着我国跨入原子能时代
1958.9.27	在现场组织原子能研究所坨里实验基地落成以及我国第一座实验性重水反应堆和回旋加速器正式移交生产典礼,这是我国发展原子能科学以及和平利用原子能事业中有决定意义的一个阶段
1967.6.17	作为技术上的总设计师、总负责人,创造了世界上从原子弹到氢弹发展最快的速度

三、中国"两弹"工程的组织者和协调者

在 20 世纪,科学技术获得了突飞猛进的发展,实现了从个体研究、小规模集体研究到大规模集体研究的转变,实现了由"小科学"到"大科学"时代的转变。中国"两弹"工程是在"大科学"背景下诞生的重大国防科技工程,这一工程参加人员之多与涉及领域之广,皆史无前例。这么庞大的工程能在当时取

得成功本身就是一个耐人寻味的事情。而这项工程最让人,尤其是让外国人难以置信的是其进展之快。直到现在,很多人仍热衷于研究其成功的原因所在。

李政道指出:"中国'两弹'技术之所以能够迅速发展,从大的方面讲是因为国家最高层的果断决策,强有力的组织领导,是因为全国人力资源、物质资源的集中使用和大力协作,而最直接的原因是组织了一支很了不起的科学家团队,是他们完成了'两弹'科学技术的攻关。"[①]这个杰出团队几乎包含了中国当时所有的核物理学家,如钱三强、朱光亚、王淦昌、彭桓武、邓稼先、周光召、于敏等一批中国当代最耀眼的科技明星,而他们中的领军人物正是钱三强。

上面列举的每一个人都堪称科技帅才,而钱三强身为二机部副部长兼中科院副秘书长,承担着各有关技术协作项目的具体组织领导工作,无疑可冠之为"众帅之帅"。作为科学技术的前沿领域,国防科学技术的大科学特性更显突出。大科学时代的国防科学技术的发展不但需要一流的科学家、工程师、技术人员,更需要具有组织管理才能的"科技帅才"。"所谓科技帅才,是指那些在科学技术领域内有很深的学术造诣和广博的学识,取得过重要的成就,通晓有关科学领域的研究、发展和试验

---

① [美]李政道:《科学技术的快速发展需要杰出的科技帅才——有感于朱光亚在中国"两弹"事业中的贡献》,《光明日报》,2004年12月23日。

工作,并具有杰出的科学组织管理才干的优秀科学家。"①

苏联撤出援助专家以后,中央加大了研制原子弹工作的力度。特别是 1960 年中共中央批准从全国各部门、省市选调一批高中级科技干部加强核武器的研制工作,中国科学院调动了全院超过四分之一的精锐力量和设备从事有关原子能的各项工作。根据科学院和二机部党组的安排,钱三强负责组织部院重大任务的协作。② 1961 年 7 月,中共中央发出了《关于加强原子能工业建设若干问题的决定》,1962 年成立了中央专门委员会加强对原子能事业的领导。毛泽东也批示:"要大力协同,做好这件事。"③在这一史无前例的大协作中,钱三强更是如鱼得水,充分展示了自己作为科技帅才的领导和组织才能。这与他自身丰富的学术经历息息相关。

"在建设原子能的过程中,三强同志重点注意了学科的纵深配置。他本人是研究核物理的,又多次去苏联参观考察,对原子能事业所需学科的了解,当时国内数他第一。"④他除了继续致力于原子能所的学科建设,还调整所内科技力量为二机部

---

① 温熙森、匡兴华:《国防科学技术论》,长沙:国防科技大学出版社,1995 年,第477 页。
② 葛能全:《钱三强年谱》,济南:山东友谊出版社,2002 年,第 218 页。
③ 《当代中国》丛书编辑部:《当代中国的国防科技事业》,上册,北京:当代中国出版社,1992 年,第 48 页。
④ 钱三强:《钱三强文选》,杭州:浙江科学技术出版社,1994 年,第 334 页。

的一线任务服务。为解决当时正在建设的气体扩散工厂首批六氟化铀供料，他组织了生产工艺攻关，为扩散机的核心元件分离膜安排了预研。他在原来院内已为原子弹和核潜艇的研制布好点的基础上，又安排了一批为氢弹设计所需的理论和实验课题，还安排了核武器所需的轻重核材料制备的工艺研究，以及为核工业服务的辐射防护研究等。①

在原子弹研制的每一个重要关头，钱三强严密组织、精心布置、协调有方，排除了"两弹"研制中遇到的一个个拦路虎。中国核武器发展速度之所以如此之快，与钱三强的组织严密、协调有方有很大的关系。如他在核武器研究所攻克原子弹理论的同时，本着做些预期准备，先行一步的考虑，在原子能研究所组织黄祖洽、于敏、何祚庥等一批理论物理学家成立了一个轻核反应装置理论探索组，以配合二机部核武器研究所开始对热核材料性能和热核反应机理进行探索性研究。

如果说，中国的核物理研究这项事业在规划上有什么特色的话，从一开始，就从布局上抓了理论物理，这应该是引人注目的一着棋，是中国发展原子核科学的一大特色。② 诚然，如果把原子弹比作一条龙，那么原子弹的理论设计就是龙头。一位实验物理学家，如此重视理论研究，是难能可贵的。但是，这还只

---

① 彭继超、伍献军：《中国两弹一星实录》，北京：解放军文艺出版社，2000 年，第58 页。

② 王春江：《裂变之光》，北京：中国青年出版社，1990 年，第180 页。

说到了一点,钱三强考虑到理论与实验结合的必要性,在成立了轻核理论组后即在原子能所又成立了一个轻核反应实验组,以轻核反应数据的精确测量来配合和支持轻核理论组的工作。这就更让我们不能不佩服他的远见卓识了。

钱三强除了在宏观布局上令人拍案称奇,在对具体攻关项目轻重缓急的把握上亦有很多高明独到之处。被王淦昌视为原子弹研制过程中最关键的点火装置,就是钱三强组织王方定及其研究小组研制成功的。① 1961 年,钱三强把年轻的王方定工程师请到自己的办公室,交代他制备强中子源为原子弹点火做准备,并将自己从法国带回的放射性废渣原料交给了王方定。在物理学家何泽慧的指导下,王方定小组的青年科技人员不负众望,经过几个月的奋战,进行了两百多次实验,终于解决了点火装置。原子弹另一个与点火装置同样重要的是扩散分离膜,它被视为整个原子弹原料(铀–235)生产中最机密的部分。而这一研究任务的完成更是凝结了钱三强无数的心血。

1960 年 8 月,在中国科学院等有关部门的大力支持下,根据二机部领导成员的分工,钱三强在北京约见了上海冶金研究所党委书记郑万钧、粉末冶金学家金大康和金属材料学家邹世昌,亲自下达了研制"甲种分离膜"(代号为"填空阀门")的任务。接着,他让原子能所负责该项目任务科技攻关小组的钱皋

---

① 陈恒六:《原子弹是怎样产生的》,《大自然探索》,1986 年第 1 期。

韵等一起介绍和分析有关分离膜元件的具体技术要求。同时,该项目任务也分别亲自布置给了复旦大学和沈阳金属研究所。① 以后,钱三强一直密切关注这一关键性环节的研制,并多次主持召开协调会,交流情况,解决问题。如1961年11月,他同中国科学院副院长裴丽生在上海衡山宾馆主持会议,检查落实"分离膜"的研制任务。根据有关方面提出的问题,会后即向上海市委书记柯庆施通报了情况,要求上海市负责组织协调,大力协同攻关,使工作得以顺利进行。1963年秋,在物理冶金学家吴自良的主持下,经过艰苦探索和反复试验,甲种分离膜终于研制成功。我国成为继美、苏、法以后第四个解决了扩散分离膜制造的国家。

我们认真回顾"甲种膜"的研制过程可以发现,钱三强不但出了题目,而且自始至终领导关心这一课题的研制进程。对于这一点,张劲夫1999年5月的回忆文章在讲到"真空阀门"研究任务时写道:"所幸的是,这些我们早就有准备了,(真空阀门——笔者注)是钱三强出的题目,出题目很重要。"②尽管钱三强因从事核工业发展的高层组织领导工作,而没能直接主持或参与中国第一颗原子弹的研制工作,但是,他在中国研发核武器中的重要组织领导作用是不容忽视的。原子弹工程是一

① 葛能全:《钱三强年谱》,济南:山东友谊出版社,2002年,第155页。
② 葛能全:《钱三强年谱》,济南:山东友谊出版社,2002年,第180页。

个需要各方面大力协同的系统工程,任何一个环节都是系统整体的有机组成部分,因此对全局的组织协调和有效领导十分关键。① "作为原子弹工程的技术总负责人,他把中央的意图与科学家们的专长联系在一起,适时为中央决策推荐最恰当的科学家去担当重任。可以说,正是钱三强出色的学术组织工作加速了中国第一颗原子弹的成功爆炸。"②

四、小结

钱三强是国内外享有盛名的优秀核物理学家,是位德慧双修的科技大师。他从事核物理研究与管理工作五十多年,成绩卓著、贡献斐然。新中国成立后,钱三强长期担任主管核武器研制的二机部副部长和原子能研究所所长,是我国发展核武器的组织协调者和总设计师,是科技界卓越的领导人。他为我国原子能科学事业的开创和发展,做出了卓越贡献。正如何祚庥院士指出的那样:"三强同志的最大贡献,是在我国开拓了原子能这一重大科技领域。"③1999 年,国庆 50 周年前夕,中共中

---

① 孙丽:《两弹一星领军科学家的贡献及其启示解读》,《自然辩证法研究》,2011 年第 3 期。

② 黄庆桥:《从核心到边缘:钱三强与中国原子弹——兼谈对科技帅才的正确评价》,《上海交通大学学报》,2014 年第 3 期。

③ 何祚庥:《回忆钱三强同志在原子能科学技术中的重大贡献》,《自然辩证法研究》,1992 年第 8 期。

央、国务院、中央军委向钱三强追授了由515克纯金铸成的"两弹一星功勋奖章",表彰这位科学泰斗的巨大贡献。钱三强用执着探索的一生,为中华民族的原子能事业奠定了宝贵的基础;用卓越的领导才能,精心组织了成百上千的杰出科学家和工程技术人员进行了原子弹和氢弹的研制;用科技帅才独有的慧眼和卓识,为祖国原子能事业挑选了可靠的攻坚力量。正因如此,钱三强被公认为我国原子能科学事业的创始人,被誉为中国"原子弹之父"。

"文革"结束后,钱三强重新恢复工作,他首先筹备并组织广州国际粒子物理讨论会。这次会议标志着中国粒子物理研究已经走向世界。除了组织和促进中国与世界各地的学术交流,他还致力于著书立说。晚年的钱三强身体日衰,但仍担任了中国科协副主席、中国物理学会理事长、中国核学会名誉理事长等职务。他一直关心中国核事业的发展,强调不仅要服务于军用还要提供民用。其博大胸怀、人格魅力,无不令人缅怀追忆,心驰神往;其工作精神和道德风范,是当代科技工作者的光辉楷模。1992年,钱三强因病去世,享年79岁。钱三强去世后,领导同行、知己故交、同学弟子,如张劲夫、周光召、彭桓武、王大珩、顾毓琇、于光远、龚育之、何祚庥、胡仁宇等,或撰文追忆,或赋诗凭吊他的贡献与品格。钱三强正是以自己杰出的科技成就和崇高的精神人格,赢得了大家的尊重与爱戴。在我国现代科技发展史上,钱三强树立起了一座不朽的丰碑,值得我们永远铭记。

第二章 钱三强科学家精神初探

> 每一个社会时代都需要有自己的伟大人物,如果没有这样的人物,它就要创造出这样的人物来。
>
> ——马克思

科学精神是普世的,所谓"科学无国界";科学家是有归属的,所谓"科学家有祖国"。可以说,科学精神的内涵稳定少变并相对简单,科学家精神则内涵复杂且富于个性。以往的中国科技史研究,在综合性、群体性的攻关项目的经验总结方面有许多成绩,其中包括精神层面的总结,如"两弹一星"精神、载人航天精神、银河精神、探月精神等。① 马克思主义经典作家如马克思、列宁，以及马克思主义中国化理论都高度重视个体的主动性、积极性与创造性。中国社会主义建设时期产生的任弼时"骆驼精神"、雷锋精神、焦裕禄精神、铁人精神、王杰精神等精神财富曾极大地鼓舞了全国人民的斗志。但在科技领域里，"两弹一星"精神、"银河"精神、载人航天精神、探月精神皆是团队精神，而杰出的科学家精神，也有极大的鼓舞作用。

　　钱三强是中国科学家乃至世界科学家中，罕见的集知识学养、实际贡献、科技原创与人格魅力于一身的巨星。以笔者之见，为弘扬中国的科学家精神，以钱三强为标杆，研究总结出一种"钱三强科学家精神"，不仅适时，而且有深远的意义。在人才是第一资源，创新是第一动力的新时代，这种值得尊崇的科学家精神，有如日之升的强大生命力，也有如月之恒的历史穿透力。

一、投身科学前沿的探索精神

　　"从牛到爱"，这是钱三强在考上清华大学物理系后父亲送给他的一幅题字。父亲对钱三强说："写下这四字寓意有二，一

---

① 朱亚宗：《冯康精神——一种值得尊崇的科学家精神》，《高等教育研究学报》，2021 年第 2 期。

是勉励你发扬属牛的那股牛劲，二是在科学上要不断进取，向伟大的探索者牛顿和爱因斯坦学习。"这幅字是钱三强院士生前最珍爱的物件，他珍藏了近60年，无论走到哪里，都把它带在身边。这四个字后来成了钱三强的座右铭，成了他本人一生践行的精神硬核。北京福田公墓中钱三强院士的墓志铭镌刻的就是"从牛到爱"。这也激励着钱三强的子女钱祖玄、钱民协、钱思进先后走上了科研的道路。"从牛到爱"，是家风的传递，更是钱三强投身科学前沿的探索精神的真实写照。

人类创新的两大动力，一是应对重大实际问题的需求，一是学科内部逻辑发展或不同学科交叉融合的推动。一部人类科技创新史，尤其是近代学科专业独立分化之前的创新史，可以说基本上是创新思维不断喷发、优秀人才不断涌现的历史。若借用科学哲学家库恩的观点，科学进步过程就是一个新旧范式交替而行的过程。常规科学面临危机（如新事实与旧理论的矛盾，或理论自身内部及其之间的逻辑非自洽性等）后，科学共同体内会产生出新范式以代替旧范式，于是科学革命发生了。这里，新范式的产生恰恰就是创新的结果。钱三强在科学工作中着眼新奇，勇于创新，不放过任何一点异常迹象的探索精神，以及对新现象做出正确分析的本领，在发现三分裂、四分裂现象中得到了充分体现。

原子核的三分裂现象之所以迟迟未能发现，是因为双分裂加 α 粒子放射与三分裂都能在照片中呈现"三叉"现象，或者说

双分裂加 α 粒子放射现象掩盖了三分裂现象。1946 年 7 月下旬，英国皇家学会纪念牛顿诞辰 300 周年大会及国际基本粒子与低温会议在剑桥大学举行。在这次会议上，"卡文迪许实验室费瑟（N. Feather）教授指导做博士论文的两个青年，格林（L. L. Green）和李弗西（D. L. Livesey）报告了他们在用核乳胶研究原子核裂变的实验，投影了裂变碎片在乳胶里留下的径迹照片。裂变的两个碎片方向相反，径迹呈一直线。中间部分黑而浓密，两个末端的银颗粒比较稀。在许多照片中，偶尔出现了一个三叉形状的径迹，他们一带而过，认为是裂变产物的 α 粒子，与会者也未加以注意。"当时国际上一般认为，原子核分裂只可能分为两个碎片。"①可以说，这已经是一个科学家视而不见的"常规"问题了。然而钱三强却敏锐地注意到这并不"常规"，并默默将这个问题放进心里。

"早在 1939 年，他就参与了裂变的研究，而原子核裂变在当时还有许多不清楚的地方。因此看到这张相片，钱三强就怀疑是否存在原子核三分裂的可能性，萌发了想对此深入研究的兴趣。"②解决问题固然重要，但是，如果能够在大众都认为理所当然的现象中找到客观规律和法则，则更能受到外界较高的

---

① 喻思南：《严谨治学，敢于质疑》，《人民日报》，2020 年 11 月 24 日。
② 刘晓：《卷舒开合任天真：何泽慧传》，北京：中国科学技术出版社，2013 年，第 98 页。

评价。这就是我们通常说的"发现问题的能力"①。敏锐地猜测三分裂现象的存在并思考三分裂的特殊性,这一物理哲学思维成为钱三强和何泽慧做出新发现的思想导引。他们很快抓住三分裂碎片质量体大的特殊性,并在核乳胶中加入恰当的弱化粒子轨迹的"脱敏剂",使三分裂和四分裂现象在新照片中凸现出来,从而成功发现三分裂和四分裂现象。

以钱三强、何泽慧等的实验为开端而引发的一系列研究及其成果,深化了人们对于裂变现象的认识。三分裂现象作为研究裂变过程中断裂点特性的一种独特的探针,至今仍然是裂变物理领域的研究对象。三分裂与四分裂的发现,是中华民族向世界科学舞台发出的一道强烈的光,同时也给钱三强和何泽慧带来了崇高的科学声望。年仅34岁的钱三强很快就晋升为法国国家科学研究中心的研究导师(1947年夏),这是外国科研人员很难获得的高级科学职位。回到祖国后,钱三强又立即得到学术界与政府的高度重视。

钱三强一直视创新和创造性为科学研究的灵魂。"独创""创劲""创新"这几个词语用于比喻科学研究的一种精神,不敢说钱三强是最先者,但可以说他是讲得很早,讲得很多,而且讲得很有体会的。如他以中国人熟知的乒乓球技术来阐释创

---

① ［日］上田正仁:《思考力:潮爆东京大学的思维公开课》,陈雪冰译,北京:中信出版社,2015年,第32页。

新的重要性和紧迫性,达到了深入浅出的效果。钱三强从小喜欢打乒乓球,中学时代即是北京市的乒乓球好手。当中国乒乓球在 20 世纪 50 年代开始崛起以后,他联想到科学研究悟出了心得,到处发表"创"的感想。

1977 年在安徽合肥、黄山,1978 年在北京、天津,1979 年在青岛,他都讲了同样内容的体会。他说:"过去欧洲人打乒乓球是用横拍,日本人用直拍,日本的直拍在五十年代曾处于领先地位。我们也是用直拍,经过一段摸索,在二十六届乒乓球锦标赛时,终于打败了日本队。其中一个重要原因是我们比日本掌握了更多的打直拍的规律。日本人抽球是甩大胳膊,我们则是用前臂和手腕子使劲,结果在速度上就压倒了对方,日本人一时就没有办法,木村、荻村都输了。如果只是照搬日本的打法,不动脑筋加以消化、改进和创造,是不可能超过他们的。也就是说要有'新招'。创新精神在各项工作中都要大大提倡,在从事科学研究中尤为重要。"

钱三强曾深刻指出发展科学技术中图省事,图保险的"翻版"思想实质上是一种懒汉思想,对科技的长远发展是不利的。20 世纪 50 年代,我国曾进口了苏联一百多个重点项目,引进了他们许多技术,但由于有不少单位缺乏创新精神,工作搞得不是很理想。"要发展科学技术,极大限度地提高劳动生产率,没有创新精神,只搞照抄、翻版是不成的。世界上没有哪一个国家科学技术的发展与进步,是靠'翻版'搞上去的。因为任何一个国家出口自己的成果,总不会把正在研究中的新东西给人家,如果说七十年代能拿到人家六十年代的东西,就很不错了;等你再引进、学习,进行翻版,翻来翻去,翻到八十年代,你搞出来的东西还是人家六十年代的水平,而且原理和规律你并没有掌握,水平还是不能提高,生产发展就受到限制。假如是图省事,图'保险',当然只有搞翻版。因为翻版思想,实质上就是一种懒汉思想。这种思想对进行社会主义现代化建设是有害的。"

　　在钱三强看来,不但搞"翻版"不行,就是光搞技术革新也不够,必须掌握事物内在规律,掌握前人未曾发现的规律。不然的话,就谈不上技术革命。你能先掌握一步,多懂得一点,你就能在这方面处于领先地位。所以钱三强认为,要实现四个现代化,走在世界前列,我们的科学研究必须有一定比例:一部分科学家要侧重应用研究的规律,如工业、农业、医学方面的规律;还有一部分科学则要侧重更基本的规律,也就是一时还不能完全看到它的应用效果的规律。这种规律摸清楚之后,加以各方面联系和应用,就能发挥出重要作用,就能走在别人前面。这部分工作就叫基础科学。钱三强的这些真知灼见,对于建设创新型国家和科技强国的当代中国而言,仍然具有重要的启示作用。

二、献身国家使命的担当精神

第二次世界大战催生的美国"曼哈顿工程",开创了国家使命导向的现代高水平科学大工程研发模式,并发展出高水平科技攻关与军事体制相结合的新管理机制。因美国大批科学家奉行兴趣至上、科学第一的科学主义价值观,科学探索之外别无他求。如爱因斯坦这样伟大的科学家,对集体攻关方式既无兴趣,也不擅长。美国国家使命导向的科学大工程常常会遇到杰出科学家不合作的尴尬局面。① 然而钱三强院士作为中国科学大工程帅才的杰出代表,早在清华大学物理系学习期间,已将报国之志和成为著名科学家的理想完美结合。钱三强的科学家精神突出表现在献身使命的气魄上。以后无论是从事科研与管理,还是身处国外或国内,钱三强始终不忘初心,将一生的科技志趣自觉与国家使命相融合,这是一种"国士"的担当精神。

钱三强年少成名,30多岁时就已经是一位享誉国际的实验物理学家,如果继续在法国——当时的核物理科学研究中心从事科学研究,无疑在实验物理学领域会更有建树。然而,为了

---

① 朱亚宗:《中国巨型计算机之父的成功之路——品读〈慈云桂传〉》,《高等教育研究学报》,2019 年第 3 期。

报效国家,他抛弃国外优厚条件,怀着一腔爱国热忱,毅然选择回国。钱三强后来撰文袒露了当时的心迹:"虽然科学没有国界,科学家却是有祖国的。祖国再穷,是自己的;而且正因她贫穷落后,更需要我们去努力改变她的面貌。"①

新中国成立后,钱三强又无条件地服从党和国家的需要,放弃自己心爱的科研工作,将主要精力投入到科学组织和管理工作中。从此,才华横溢的物理学家钱三强专心致志地献身于中国科技事业。"1949年,参与提交'建立国家科学院'的提案,与人合作起草《建立人民科学院草案》。中国科学院成立后,先后兼任计划局的副局长、局长,1953年率领26名中国著名科学家访问苏联。1954年任中国科学院学术秘书处秘书长。1955年同刘杰、赵忠尧等赴苏谈判,签署中苏合作和平利用原子能协定,苏方同意援建重水反应堆与回旋加速器,钱三强出任建筑技术局副局长,负责苏方援建反应堆与加速器的选址和建设。"②有些人对此不甚理解,甚至颇为惋惜。钱三强对此则矢志不悔,他牢记导师伊莱娜·居里"要为科学服务,科学为人民服务"的临别赠言,他以"个人利益服从国家利益""做一个又红又专的科学工作者"为自己的信条。

1960年7月,中苏关系破裂,苏方撤走全部专家,起步不久

① 钱三强:《神秘而诱人的路程》,《人民日报(海外版)》,1991年11月5日。
② 朱亚宗:《不朽的三大科学业绩——纪念钱三强院士逝世30周年》,《高等教育研究学报》,2021年第3期。

的中国原子弹研制突然间被人卡住了脖子。苏联专家临走前还讥讽说,"离开外界的帮助,中国二十年也搞不出原子弹。就守着那堆废铜烂铁吧"①。钱三强很清楚,这对于中国原子核科学事业,以至中国历史,将意味着什么。前面有道道难关,而只要有一道攻克不下,千军万马都会搁浅。作为二机部领导层唯一懂原子弹技术的科学家,处在严峻形势下和特殊位置的钱三强面临着巨大的压力,肩负着多重使命。他既要为实施中央新决策重新排兵布阵,为部领导当好助手;又要在科学家中起到"指点才"(即帅才)作用,组织并协调合适人选到急需岗位,解决可能出现的科学技术难题。是胆怯退缩还是勇往直前?钱三强义无反顾地选择了后者。他深信中国人一定能凭自己的能力攻克原子弹技术。使命容不得踟蹰,钱三强马不停蹄地投入到了原子弹研制的工作中。

在原子弹研制的每一个重要关头,钱三强以勇挑重担的气魄,科学筹划、精心布置、大力协调,排除了原子弹研制中遇到的一个个拦路虎。为了实现中央"自己动手,从头摸起,准备用八年时间搞出原子弹"的新决策,钱三强铆足劲地工作,在中科院党委书记张劲夫"要人给人,要物给物"的通令下,他和中科院副院长裴丽生以院、部协作小组的名义,调动科学院二十几个研究所的精锐力量,为"两弹"清障。仅关键的 1961 年,科学

---

① 葛能全:《科学巨匠——钱三强》,石家庄:河北教育出版社,2001 年,第 212 页。

院各有关研究所承担二机部任务共83项,计222个研究课题,任务全部及时完成,保证了需要。①

"文革"后,钱三强不顾年迈,屡屡上书中央,如建议建立中国工程院、建议恢复遴选学部委员、建议发展微电子事业和核电事业等,"钱三强向中央领导的建言献策,完全是出于一种使命感的驱动,毫无名利动机。正因为如此,他对自己的每一次建言献策的内容,都做过深入研究"②。这些建议因论证充分、切合实际、合理可行,均被上级采纳,有力地推动了中国科技事业乃至社会经济事业的发展。钱三强早年在科研上做出过重要的原创工作,但归国后他带领一批科技人员将自己富有创造力的年华无怨无悔地贡献给了我国的科技事业。归国后,钱三强虽未能在人类科技的象牙之塔里树立重要的丰碑,但却在共和国科技事业中树起了不朽的丰碑,他是中华民族永远的骄傲!

三、举荐人才的伯乐精神

人才开创事业,事业需要人才,自力更生研制原子弹最关

---

① 葛能全:《钱三强与中国原子弹》,http://www.cas.cn/zt/jzt/wxcbzt/zgkxyyk2005ndyq/kxj/200504/t20050405_2667687.shtml。
② 黄庆桥、关增建:《钱三强在"文革"后的人生际遇及政治参与活动》,《科学文化评论》,2013年第4期。

键的因素无疑是人才。但"千里马常有，而伯乐不常有"，我国进行"两弹"工程时，人才的因素基本具备了，中国此时已有一定的中坚力量、相关的研究机构、相当水平的科研成果和有限的实验设备与图书资料。但是怎样去发现这些人才并把他们提拔到重要岗位是至关重要的问题。中国"两弹"工程选择钱三强是幸运的。他不仅是我国"两弹"工程的奠基者和卓越领导者，同时他用科学大师的慧眼为我国科技事业的持续发展培养和挑选了一大批担当大任的骨干人才。"从 1950 年代起，钱三强为国家科技事业的关键岗位推荐了众多优秀人才。事后证明，所有推荐都是极为成功的。"①特别是在国防科技领域，他培养、提名或推荐的这些当时看来是科技界的"中"字辈在中国原子能事业中起到了举足轻重的作用，他们中有些身居我国核武器研制的关键领导岗位，为中国两弹的研制和发展做出了非常杰出的贡献。

核武器研发是一个科学、技术、工程、产品一体化的庞大系统工程，美国 20 世纪 40 年代的"曼哈顿工程"曾集合费米等一批世界顶尖科技人才。中国的核武器研发走的是独立自主、自力更生的道路，外界的援助与信息微不足道，必须集结国内一批杰出科学家与大量的优秀科技工作者攻坚克难。钱三强的

---

① 黄庆桥、关增建：《钱三强在"文革"后的人生际遇及政治参与活动》，《科学文化评论》，2013 年第 4 期。

慧眼卓识,首先表现在他善于选贤任能上。在科技界,钱三强的知人善任是出了名的。几乎每一个熟知他的人,都为他这种独具慧眼的能力所折服。

1959 年,时任第二机械工业部部长宋任穷想物色一位业务、管理双肩挑的专家协助李觉所长工作,钱三强推荐了年仅35 岁的核物理学家朱光亚。朱光亚后来参与领导了原子弹、氢弹研制、试验,及其武器化的工作,成为"两弹一星"功勋科学家和中国杰出的国防科技领导者。钱三强也一直将此作为他人才选拔中的成功经验并引以为豪。时隔二十多年后,他发表文章谈如何培养选拔"带头人"时,就欣慰地回忆起这件事。钱三强这样写道:"他(指朱光亚——笔者注)还属于当时科技界的'中'字辈,仅三十五六岁,论资历不那么深,论名气没有那么大。那么,为什么要选拔他,他有什么长处呢? 第一,他具有较高的业务水平和判断事物的能力;第二,有较强的组织观念和科学组织能力;第三,能团结人,既与年长些的室主任合作得好,又受到青年科技人员的尊重,因而他可以调动整个研究室力量支持新成立的设计机构;第四,年富力强,精力旺盛。实践证明,他不仅把担子挑起来了,很好地完成了党和国家交给的任务,做出了重要贡献,而且现在已经成为我国国防科学技术工作的能干的组织者、领导者之一。"①这些精辟的分析和论

① 钱三强:《科坛漫话》,北京:知识出版社,1984 年,第 194 页。

述,对我们今天选拔人才仍具有指导和借鉴意义。

早在朱光亚之前,钱三强就推荐后来的"两弹元勋"邓稼先参加筹备核武器研究所,并担任理论部主任。同时还推荐了大学毕业不久的优秀青年人才胡仁宇,胡仁宇后来成为中国科学院院士,在核武研发与科技管理方面发挥了重要作用。邓稼先当时在钱三强任秘书长的中国科学院学术秘书处工作,邓稼先成了核武器研究所第一个有高级职称的研究人员。1958年起,邓稼先组织领导开展了爆轰物理、流体力学、状态方程等理论研究,对原子弹的物理过程进行了大量模拟计算和分析,从而迈开了中国独立研究设计核武器的第一步,被称为"两弹元勋"。对此,杨振宁都称赞钱三强当初聘请邓稼先"可谓真正有知人之明"[1],完全可以与格罗夫斯聘请奥本海默的功绩相媲美。其实,钱三强推荐的人何止上述几位。

1999年国务院、中央军委授予23人"两弹一星功勋奖章",这23人中,为成功研制出原子弹、氢弹做出贡献的有钱三强、朱光亚、王淦昌、彭桓武、郭永怀、邓稼先、周光召、于敏、程开甲和陈能宽等10人,我们通过研究发现,除了钱三强自己,其中绝大多数人能走上为原子能事业做贡献的岗位,都凝结着钱三强识才、辨才的艰辛。王淦昌、彭桓武和郭永怀是在苏联撤出专家后,钱三强找他们谈话,经周恩来同意并于同一天到

---

[1] 杨振宁:《一位科学大师看人与这个世界》,海口:海南出版社,2002年,第43页。

核武器研究所上班的。程开甲是由钱三强点将,经时任总书记邓小平批准,由南京大学调往北京参加原子能事业的。后来在钱三强的具体指导下,程开甲起草了首次核试验测试总体方案,并在中央各部委和国防科委的支持帮助下,组建起相关学科和专业配套的核试验技术研究所,2014 年 1 月,荣获 2013 年度国家最高科学技术奖,2017 年 7 月 28 日被授予"八一勋章"。"程开甲能够走进核武器研制和试验队伍,并最终成为我国著名的核物理学家,从一定意义上来说,与钱三强的排兵布阵密不可分。"①

著名物理学家周光召,以基础科学家的身份投身技术科学研究领域,解决了原子弹研制、试验中的许多关键问题,在原子弹理论突破上做出了重大贡献,成为对中国原子弹爆炸贡献最大的科学家之一。值得一提的是,也许很少人知道,当时周光召"海外关系复杂",即便在普通部门工作也会受到各种不公,但是钱三强通过何祚庥了解了他的能力后,承担起政治责任,毅然起用。

尤其令人称道的是,为开展难度极大的氢弹理论预先研究,钱三强看中了理论水平高超的于敏,但当时原子能研究所对于敏"红"的方面有争议。钱三强了解品学兼优的于敏,亲自将于敏招到近代物理研究所读研究生,并参加了于敏的研究生

---

① 熊杏林:《程开甲》,贵阳:贵州人民出版社,2004 年,第 75 页。

论文答辩,他还果断排除干扰,从大局出发,承担起了政治责任,拍板定案,调于敏同志来从事并领导这项工作。正如有的学者指出的那样,"保护于敏,保护理论物理组不被解散,钱三强尽了最大的努力"①。"立足于一流的中国科学院近代物理研究所平台,又有王淦昌、彭桓武、钱三强等名师的熏陶,加上扎实的基础与超常的勤奋,于敏很快站到国际原子核物理学术前沿。"②正是这个于敏,不负众望,独辟蹊径,完成氢弹的理论设计,成为中国兼得"两弹一星"功勋奖、国家最高科学技术奖与共和国勋章的唯一一位科学家。1961 年,苏联专家撤走后,中国浓缩铀研制面临困难,钱三强慧眼识才,推荐海外归来的优秀女物理学家王承书攻克此难题。两年后,正是在王承书的理论成果指导下,兰州浓缩铀厂的产品质量大幅提升,产品丰度达到90%。③

后来的事实也证明,这些科技人员被钱三强推荐和任用参加核事业,心理上充满了自豪感和光荣感,政治上没有思想负担,在科技攻关、项目建设、艰苦创业中,竭尽全力,拼搏奋斗,发挥了重大作用,做出了杰出贡献。许多人成为各级科技领导

---

① 王春江:《裂变之光——记钱三强》,北京:中国青年出版社,1990 年,第 181 页。
② 朱亚宗:《淡泊谦和的科学巨星——纪念"中国氢弹之父"于敏》,《高等教育研究学报》,2020 年第 3 期。
③ 张焕乔、唐洪庆:《钱三强、何泽慧与我国核武器研制》,《国防科技工业》,2014 年第 10 期。

骨干,其中不少人后来成为科学院、工程院的院士,有的如朱光亚、周光召等还成为党和国家领导人。

对钱三强的选才、荐才工作,笔者做了一个简约的统计:

姓名	专业	推荐、选拔科技专家参加两弹研制的简要过程	参加时间	所任职务
邓稼先	理论物理	向二机部推荐参加核武器研究所筹备工作,并亲自向邓稼先解释新工作的性质,使其成为来所①工作的第一位具有高级职称的研究人员	1958.7	核武器研究所理论部主任
李 林	材料物理	直接向科学院副院长张劲夫提出调李林到二机部,以加强核材料科学研究力量	1958	中科院物理所金属物理研究室副主任
王承书	理论物理	钱三强直接调动	1958	任原子能研究所热核聚变研究室副主任

① 所:指二机部核武器研究所(代号为二机部九局)。

姓名	专业	推荐、选拔科技专家参加两弹研制的简要过程	参加时间	所任职务
朱光亚	中子物理	受宋任穷部长委托,向核武器研究所物色负责设计最后产品的科学技术领导人	1959.7	核武器研究所副所长
胡仁宇	实验物理	根据国内工作需要,利用胡仁宇回国探亲之机,亲自动员其放弃在苏联继续学习的机会,转而从事核武器研制的技术工作	1958.7	负责组建加速器与中子物理实验室
程开甲	固体物理	根据形势需要,向二机部推荐并经邓小平批准由南京大学物理教研室调入核武器研究所	1960.3	核武器研究所副所长
陈能宽	爆轰物理	向二机部推荐,并在陈能宽到二机部报到时与李觉、朱光亚一起向其布置工作任务	1960.3	核武器研究所爆轰物理研究室主任

姓名	专业	推荐、选拔科技专家参加两弹研制的简要过程	参加时间	所任职务
王方定	核化学	钱三强亲自向其下达研制原子弹点火中子源的任务	1960.5	原子弹点火中子源攻关小组负责人
于 敏	理论物理	亲自安排到核武器研究所新成立的轻核理论组进行探索性研究	1960.9	核武器研究所理论部副组长
王淦昌	实验物理	苏联撕毁合同后,由钱三强积极推荐并得到批准,从原子能研究所调任核武器研究所,与郭永怀、彭桓武一起被邓稼先称为钱三强请来参与核计划的三尊"大菩萨"	1961.4	核武器研究所副所长
郭永怀	力学、应用数学	根据钱三强的建议,在钱学森的推荐下参与核武器研制	1961.4	核武器研究所副所长

续表

姓名	专业	推荐、选拔科技专家参加两弹研制的简要过程	参加时间	所任职务
彭桓武	理论物理	与王淦昌同时被钱三强推荐,同天到核武器所报到	1961.4	核武器研究所副所长
周光召	理论物理	钱三强亲自拍电报向刘杰部长推荐周光召到所参加理论研究,并出面到北京大学商量协调调动	1961.5	核武器研究所理论设计室第一副主任
张沛霖	物理冶金	钱三强提出调动名单,由中科院沈阳金属所副所长调至二机部参与核武器研制	1962.12	担任二机部冶金总工程师
龚祖同	光学	由钱三强向中科院副院长张劲夫提出调龚到西安建立光机分所,主要为二机部的工作服务	1962.12	任中国科学院光学精密机械研究所西安分所所长

钱三强具有原子研究的丰富经历，知人善任的管理经验，以及热诚无私的奉献精神，成为举荐英才的最好伯乐。1960年，钱三强将原子能研究所的世界级顶尖人才王淦昌与彭桓武推荐到九所；又约见钱学森，让他推荐一位优秀力学家，因此而得到一员"科技帅才"郭永怀；已在国际理论物理学界崭露头角的优秀青年物理学家周光召，也在这一年调到九所，不久后周光召就在原子弹理论突破上做出了重大贡献。

四、总结科技创新的反思精神

自然科学家跨界交叉，育出奇花异果，是人类文化史上一道亮丽的风景。中国东汉天文学家张衡，同时也以汉赋大家名列文学史；宋代科学家沈括的《梦溪笔谈》，成为文理两科文人学士共同的经典；明代地理学家徐霞客与其游记作品，被誉为千古奇人与千古奇书。西方世界，康德提出了第一个行星演化假说，又以"三大批判"垂名哲学史；数理学者帕斯卡尔在数学、物理、气象及文学领域均有建树；大数学家罗素在逻辑学、哲学、文学方面成就卓著，并在1950年荣获诺贝尔文学奖；英国皇家学会会员李约瑟的巨著《中国科学技术史》，使世界见识中国古代科技的辉煌与先进；伟大的爱因斯坦，以深邃的科学哲学著作令世界耳目一新；杨振宁在物理学之外，深耕科学方法与科学美。

　　钱三强的跨界交叉，成果同样丰富多彩，据不完全统计，各种期刊、报章之外，公开结集出版的主要跨界著作有《钱三强选集》（浙江科学技术出版社，1994年）、《科坛漫话》（知识出版社，1984年）、《重原子核三分裂与四分裂的发现》（科学技术文献出版社，1989年）、《科学技术发展的简况》（知识出版社，1980年）等，内容涉及科技管理、科技社会学、科技史、科技哲学等交叉学科，也有建言献策与科技普及方面的论述。"作为新中国科技事业的开拓者和领导者，钱三强亲历了我国科技事业艰难发展的奋斗历程。他对此十分珍惜，一方面，记录下了大量丰富的历史事实，为中国近现代科学技术发展史的研究提供了鲜活的素材和珍贵的史料；另一方面，他还深入研究和思考中国近现代科学技术发展史，对中国发展科学技术事业的正反两方面经验做出总结和评价。"[1]钱三强为这些跨界著作投入了非凡的热情与大量的精力，在丰富多彩的著述中不乏精品杰作，其独特的学术价值与社会意义尚待深入揭示，以下择其要著略做述评。

　　钱三强最重要的交叉研究成果，当推科学史专著《重原子核三分裂与四分裂的发现》。其他的跨界交叉研究及著作，虽然对我国各个时期的科技发展与应用有重要的推动作用，但不是唯一的与不可替代的。事实上钱三强本人对自己各类跨界

---

① 黄庆桥、关增建：《钱三强科学史贡献初探》，《自然辩证法通讯》，2012年第1期。

研究成果的价值也有清醒的认识,结集跨界成果的洋洋 40 万字的《钱三强文选》共收录著作 40 篇,没有按写作时间先后编排,而是将《重原子核三分裂与四分裂的发现》一文列为首篇,足见其在钱三强心目中的地位。

钱三强关于三分裂与四分裂的物理学专业论文,在 20 世纪 40 年代的国际顶级科学期刊上早已发表。《重原子核三分裂与四分裂的发现》全文 6.5 万字,是钱三强晚年(1989)反思早年重大科学发现的第一手资料,有关于发现过程的详尽记述,又有对科学发现的因果关系、心理活动与科学价值等方面的深刻分析,是中国科技史乃至世界科技史上不可多得的论述重大科学发现的珍贵文献。朱亚宗教授指出:"还没有见过哪位杰出科学家对自己一个重大科学发现案例做如此详尽的记述与反思。"[①]牛顿的一个重大科学创新,是从开普勒三大行星运动定律出发,导出宇宙的一个基本规律——万有引力定律。今天的物理系学生很容易从万有引力定律推出开普勒三大定律,却没有一个人知道当年牛顿是怎样从开普勒三大定律推出万有引力定律的。牛顿的原始著作《自然哲学的数学原理》没有记载万有引力定律发现的详细过程,似乎神奇地做出了这一伟大发现。1965 年诺贝尔物理学奖得主费曼出于好奇,想找出

---

① 朱亚宗:《不朽的三大科学业绩——纪念钱三强院士逝世 30 周年》,《高等教育研究学报》,2021 年第 3 期。

牛顿的逻辑思路，但是没有成功。直到 1986 年，才由中国著名数学家吴文俊运用机器证明方法完成了这一逻辑推导。但是当年牛顿只能通过逻辑与非逻辑两种思维方式的组合得出万有引力定律。牛顿也许因为信守"不做假设"的形而上学教条，不愿在著作中将自己跳跃性的、非逻辑的创造性思维过程记述下来，以致后人在 300 年的历史长河中，耗费不计其数的时间与才华，仍未能复原牛顿的原始思维过程。如果当年牛顿不被"不做假设"的哲学观念束缚，真实详尽地记下关于万有引力的思考与试错过程，那牛顿做出发现后 300 年间的物理学家将受益无穷，逻辑思维与非逻辑思维相结合的辩证思维方式，或许早可成为指导物理学创新的共识。杰出科学家如何做出重大科学发现的第一手资料，无疑是人类最宝贵的精神文化财富之一，它关乎人类创新智慧能否高效地积累与传播。

科技史上绝大多数创新者未能如钱三强一样对创新过程与创新思维做一目了然的真切记录，致使后人的解读与学习犹如雾中登山，迷茫而曲折。如海森堡于 1925 年创立了量子力学，这篇划时代的论文影响深远，但是海森堡并没有关于创立过程及创新思维的清楚理性的记录，而只有一段朦胧的诗性描述："你想攀登某座山峰，但到处都是雾气……你突然在迷雾中模模糊糊地看到一些细微的东西，你会说，'噢，那正是我要找的石头'。在这一瞬间，整个情况完全改变了：尽管你并不知道是否会走到那石头，但你会说，'现在我知道我在哪里了，我必须再走近一点,那样我肯定就会找到要走的路'。"①对于海森堡的思路,杨振宁这样的大师也只能有隔膜地欣赏与感叹:"海森堡……真正让人震惊的能力,就是能模糊而不确定地,以直觉而不以逻辑的方式,觉察出控制物理宇宙的基本定律的本质性线索。"②

与牛顿、海森堡的语焉不详相比,钱三强为自己的重大科学发现写了专业论文以外的科学史专著,清楚详尽地论述了这一发现的科学背景、问题起因、实验设计、实验方法、理论分析以及哲学反思等内容。不仅物理学与科技史专业人士可以详细了解科学发现的细节与发现者的创新思维,也可使广大普通读者理解三分裂、四分裂现象的发现过程与钱三强院士的科学精神。③

在科学发展的长河中,既需要原创者,也需要拓展者与完善者。大多数科学原创者往往将后续的完善工作留待他人完成。如量子力学的创立,便由逐步完善的三篇论文组合而成:一个人的论文(海森堡),两个人的论文(玻恩、约尔旦),三个人的论文(海森堡、玻恩、约尔旦)。当然,也有另一种情形,虽

① 杨振宁:《曙光集》,翁帆编译,北京:生活·读书·新知三联书店,2008 年,第318 页。
② 杨振宁:《曙光集》,翁帆编译,北京:生活·读书·新知三联书店,2008 年,第320 页。
③ 朱亚宗:《不朽的三大科学业绩——纪念钱三强院士逝世 30 周年》,《高等教育研究学报》,2021 年第 3 期。

然原创者同时也是完善者,但是因为原创者过于追求科学成果的形式美,甚至以牺牲内容的可理解性为代价,这方面著名的案例有十九世纪伟大的数学家高斯。正如曾任美国数学学会主席的著名数学家与数学史家 E. T. 贝尔所评价的,高斯"在自己身后只留下完美的艺术品,要极其完美。达到增一分则多,减一分则少的地步。工作本身必须突出、完整、简明和有说服力,达到它的辛劳必须不留痕迹。他说,一座大教堂在最后的脚手架拆除和挪走之前,还算不上是一座大教堂。高斯抱着这样的理想工作,他宁肯三番五次地琢磨修饰一篇杰作,而不愿发表他很容易就能写出来的许多杰作"①。高斯以这样的方式处理重要的科学成果,满足了自己对科学美的超常追求,却有可能损害科学成果的高效传播与后学者的深入学习理解。过度追求科学美的高斯不愿让人看到创新过程中粗陋的"脚手架",只得将自己创新过程中的探索性的心理活动与思维过程隐而不记。相比之下,钱三强不仅做出了独特的创新,而且为科学史教育功能的发挥与科学史原始资料的保存树立了不朽的丰碑。

---

① ［美］E.T.贝尔：《数学精英》,徐源译,北京:商务印书馆,1991 年,第 268 页。

第三章　钱三强的科技创新思想

　　一方面我们要提倡解放思想,特别是要提倡中青年科学工作者发扬年轻人所具有的创新精神,另一方面,又要提倡学术民主,正确对待有创造性的学术思想,避免科学史上屡次出现的压制新生力量的现象。

——钱三强

　　1978 年 10 月,中国科学院在广西桂林召开了一次名为"微观物理学思想史讨论会"的学术会议,会议参加者以粒子理论物理学研究者为主,直到今天,这个主题的会议在我国物理学领域中还是独一无二的。在闭幕会上,钱三强做了题为"集中智慧努力创新"的总结讲话。这一总结讲话,通篇闪烁着重视科技创新、加快科技创新的思想光辉,具有高屋建瓴的超前性,由此让我们领略到了一位科技帅才远见卓识的思想风采。纵观钱三强的科学人生,不难发现,他一直视创新和创造性为科学研究的灵魂,并在科学实践中形成了极为丰富、独具特色的科技创新思想。他曾经指出:"对科学劳动来说,最要紧的是创造性。某种意义上说来,没有创造性就没有科学。创造性是科学研究的灵魂,创造力是一个国家科学能力的核心和精髓。"①"没有创新精神,就没有科学技术的现代化。"②诸如此类的观点,在其著作和讲话中俯拾皆是,今天读来,仍具有经久不衰的魅力。在迈向创新型国家的征途中,重温钱三强的这些话对坚持走中国特色自主创新道路,进一步发挥科技进步和创新的重大作用具有深远的现实意义。

一、科技创新是一个国家从后进转化为先进的关键

创新作为一种认识和实践活动,在历史的长河中推动了科技的进步与社会的发展。世界科学技术发展的历史就是科技创新的历史,历史上的科学发现和技术突破无一不是创新的结果。同时,科技创新也是一个国家从后进转化为先进的必由

① 钱三强:《科坛漫话》,北京:知识出版社,1984年,第182页。
② 葛能全:《钱三强年谱》,济南:山东友谊出版社,2002年,第224页。

之路。

　　每一次科学活动中心的转移都使其所在国的综合国力在一个时期内领先于世界。后发国家科学技术的发展一般可以采取两种模式：一种是引进模仿式，即采取拿来主义，按照发达国家科学技术发展走过的路径跟在后面亦步亦趋追赶；另一种就是自主创新，是相对于技术引进、模仿而言的一种创造活动。事实证明，在后发国家科技进步的过程中，这两种模式缺一不可。没有引进模仿，就无法了解前沿，缩小差距；没有自主创新，就无法实现赶超。但相对而言，引进模仿毕竟是走人家已走过的路。假如没有自主创新，而仅仅是引进模式，搞跟踪追赶，那么中国的科学技术只能跟世界先进水平保持等距离的追赶，当我们赶到人家现在的水平时，人家又跑到前面去了，这样下去永远不可能超过人家。情况正如孩子们在自动电梯上逆向而上：要是停下来了，他们便下来了；要是往上走，他们就停在原处；只有几级一跨地往上跨越的人才能慢慢地上升。在人类漫长的队列中，各个国家也是这样：静止不动的国家向下退，不紧不慢地前进的国家停滞不前，只有那些紧跑的国家才会前进。① 即便我们现在与发达国家进行学术交流、搞技术引进，也都是在一定限度之内，到了科技水平跟发达国家差不多了，他

---

① ［法］阿兰·佩雷菲特：《停滞的帝国——两个世界的撞击》，王国卿等译，北京：生活·读书·新知三联书店，1993 年，第 621 页。

们就要保密。越是尖端科学技术,越是在国民经济中起重大作用的东西,人家越要保密,越不会全盘给你。对此,钱三强可谓洞若观火:"一般来说,从国外能学到的知识多半是前五年、十年的知识,人家不会给你最先进的知识,你要领先,就得下苦功,动脑筋,自己创新。创新是从后进转化为先进的关键。"①

为了让人们更加清楚地认识到创新在后发国家赶超过程中的重要性,钱三强再一次用我们大家都极为熟悉的乒乓球来阐述:"要赶超世界先进水平,创新思想特别重要,否则,你就走不到别人的前面。比如打乒乓球,我们先是靠近台快攻打败了日本,获得了世界冠军;经过几年发展,别人掌握了快攻技巧,我们又拿出抛高球和别的几手,再次取胜。可见要有新招,搞科学研究赶超世界先进水平也得这样。"②在"文革"后召开的第一次中国物理学会年会上,钱三强应邀做了前不久出访法国和比利时的科学考察报告。他在报告中强调:"科研工作中的创新精神是赶超世界水平的重要条件;没有创新精神,就没有科学技术的现代化;所谓的科学技术现代化,除了科学仪器设备的现代化外,十分重要的是科研课题的现代化。"③

随着科学技术的不断发展进步,科技创新成为推动经济和社会发展的决定因素。"事实越来越证明,我国的劳动力素质

① 钱三强:《钱三强科普著作选集》,上海:上海教育出版社,1990年,第251页。
② 葛能全:《钱三强年谱》,济南:山东友谊出版社,2002年,第229—230页。
③ 葛能全:《钱三强年谱》,济南:山东友谊出版社,2002年,第224页。

和科技创新能力不高,已经成为制约我国经济发展和国际竞争能力增强的一个主要因素。"①"创新是民族进步的灵魂,是国家兴旺发达的不竭动力。科技创新越来越成为当今社会生产力解放和发展的重要基础和标志,越来越决定着一个国家、一个民族的发展进程。如果不能创新,一个民族就难以兴盛,难以屹立于世界民族之林。"②2018 年发生的"中兴事件",让我们更加清楚地认识到创新的极端重要性。

二、引进与独创相结合是中国科技发展的有效途径

新中国成立之初,由于众所周知的原因,我国科技基础极为薄弱,在这种情况下,向科技发达国家学习,引进国外先进设备和技术显然是十分必要的。但在学习引进国外先进技术中,出现了照搬照抄、不加消化地翻版模仿的现象。如 20 世纪 50 年代学习苏联时,机械地照搬照抄,消化和发展不够,所以到了 20 世纪 70 年代多数仍停留在别人当时的水平。对此,钱三强提请人们注意引进要有统筹安排,引进后要强调消化、发展和创新,有了自己的创新,自己的发展,才能实现现代化。"四个现代化中,关键是科学技术的现代化。光凭'翻版'思想不行,

① 江泽民:《江泽民论有中国特色社会主义(专题摘编)》,北京:中央文献出版社,2002 年,第 235 页。
② 江泽民:《论科学技术》,北京:中央文献出版社,2001 年,第 147 页。

翻版只能保持过去的水平,而不能创新。"①他认为我们学习外国,不只是一般地学习人家的技巧、办法,而且还要搞清楚为什么他要研究这个问题?他们是怎样来研究这个问题的?是以什么理论、观点为基础的?经过分析,形成我们自己的一套看法,同我们自己的工作结合起来。

钱三强颇有远见地强调,"我们搞四个现代化,很重要一条就是要善于学习,包括学习外国的先进经验和技术。当然,学习不是照搬照抄,要结合我们的实际情况,提倡创新,提倡动脑筋,要搞中国式的现代化。许多国家的经验都证明这一点:没有创新精神,脑筋不开窍,知识简单地搞翻版、模仿,是不能够赶上世界先进水平的,在这方面,我们既有成功的经验,也有不少教训"②。因此,他一直强调发展科技事业,必须摆正引进与独创的关系。学习是为了独创,既能钻进去,也能出得来;钻进去是手段,出得来才是目的。也就是说,要取各家之长,走自己的路,搞自己有特色的东西,不是光做"科学练习"。我们要吸取以往的教训,引进一件消化一件,并加以改进,特别是从中学会独立发展自己的技术本领。钱三强早在20世纪70年代末就独具慧眼地指出:"随着四个现代化的逐步前进,随着同国外

---

① 葛能全:《钱三强年谱》,济南:山东友谊出版社,2002年,第229页。
② 钱三强:《发展科学技术是发展国民经济的重要环节》,《世界经济》,1979年第6期。

先进水平差距的缩小,基础科学的重要性将越来越突出,所以一定要重视独创。比如打球,双方力量越是相当,就越需要自己有一两手独特的打法,到关键时候拿出来,才能打赢。重视独创的风气,不是一天就能形成的,现在就要提倡,不能到1990年才来鼓励独创,到那时就太晚了。"①

　　钱三强以自己亲身考察罗马尼亚引进计算机技术为例,进一步向人们阐述了发展创新的极端重要性。"罗马尼亚发展计算机是从一九六六年开始的,比我们起步晚十年。一开始,他们从法国引进一台计算机,每秒17万次,主存容量是256千字节,在当时只是属于中等水平的东西。罗马尼亚不仅买了机器和基本软件,还买了制造技术和专利。他们引进后,不是停留在照搬照用,而是首先集中一些科学家、工程师进行分析、研究、解剖和消化,不仅懂得怎样使用,还要弄清楚为什么要这样制作,还针对它的缺点进行改进……特别是在软件方面,把引进的法国技术消化后加以改进,研制成一套新软件,可使编译时间减少到原来的六分之一。后来罗马尼亚又作为自己的专利再卖给法国,这样不仅赚回了过去用来买专利的外汇,更重要的是为自己发展计算机技术培养了人才,打下了基础。"与此相反,我们20世纪50年代学习苏联时,"机械地搬过来,消化

---

① 钱三强:《科坛漫话》,北京:知识出版社,1984年,第162页。

和发展不够，所以到了七十年代多数仍停留在别人当时的水平"①。这个教训是极为深刻的。实践证明，只引进别人的东西也是不行的，完全依赖别人的东西更是靠不住。最好的办法是该引进的还是要引进一些，但对引进的东西要进行消化吸收和再创新，变成自己的管用的东西。

三、培养和保护年轻人的"创劲"是科技创新的有力保证

钱三强在新中国成立后长期担任我国原子弹、氢弹研制的技术领导职务和学术组织工作，在工作实践中他特别注意发现和培养年轻人，强调要用战略眼光来看待培养新生力量的问题。他认为年轻人精力旺盛，没有包袱，"初生牛犊不怕虎"。而且他们掌握的知识不太多，所以受旧规律的束缚也少一些，敢于创新。钱三强是这样说的，也是这样做的。一旦他发现本领域的"千里马"，便适时将他们提拔到合适的岗位上来。如核武器研究所成立之初，他推荐年富力强的邓稼先担任该所理论部主任；他提名当时年仅35岁的朱光亚担任研制核武器的科技领导人一事，后来成为科技界津津乐道的例子；周光召、于

----

① 钱三强：《集中智慧　努力创新——在微观物理学思想史讨论会上的讲话（摘要）》，《自然辩证法通讯》，1979年第1期。

敏、黄祖洽等"少壮派"科技帅才能在原子弹研制中立下汗马功劳，无不凝结着他识才、辨才的艰辛。钱三强的信条是："千里马是在茫茫草原的驰骋中锻炼出来的，雄鹰的翅膀是在同风暴的搏击中铸成的；既要为王淦昌、彭桓武这样科学功底深厚、已具相当知名度的科学家施展才华创造条件，也要让黄祖洽、于敏这样的年轻人有一试身手的机会。"①事实证明，这些年轻科学家在原子弹、氢弹理论的开拓和奠基上做出了极重要贡献，这是钱三强知人善任的结果。

将年轻人提拔到关键岗位，科技创新的路途仅仅起了一个好头，关键是要保护他们在工作中的"创劲"。科技创新是一项"沿着陡峭山路向上攀登"的事业，是走别人没有走过的路，做前人没有做过的事，是"摸着石头过河"，具有灵感瞬间性、方式随意性、路径不确定性的特点。因此，前进的道路就不可能太平坦，各种风险都会存在，失败就不可避免。据统计，科研成功率不到 10%，而失败率逾 90%。因此，这在客观事实上就决定了"常败将军"往往比"常胜将军"多。硅谷有句名言："你永远不要相信从没有失败过的人。"科技史上的诸多重要学说、重大发现和实用发明都不是一蹴而就、一帆风顺的，而是在艰辛中反复探索、不断试错结出硕果的。

美国发明家爱迪生，耗时 10 年"大海捞针"般地选用 1600

---

① 张纪夫:《钱三强与中国氢弹》,《金秋科苑》,1995 年第 5 期。

多种材料，经历上万次失败后才成功发明电灯；诺贝尔研制炸药，不但屡遭失败，为此还痛失亲人。莱特兄弟发明飞机、贝尔发明电话，无不是在痛苦和失败的废墟上实现的。英国物理学家威廉·汤姆逊总结自己的科研经历时说："我坚持奋斗55年，致力于科学发展，用一个词可以道出我最艰辛的工作特点，这个词就是'失败'。"为成功者叫好易，为失败者鼓掌难。

如何帮助更多面临"山穷水尽"的创新者更快地走向"柳暗花明"，对此，钱三强有自己独到的观点和看法。他认为要想更好地发挥科技人员的创造性，首先要求领导人员和管理人员要有革新思想。光想当官不想干事的人，是领导不好的。领导者要鼓励督促科技人员的创新精神，并将此作为重要的工作。可惜，有些人总是抱着"我来管你"的思想。有些领导人总是喜欢那些百依百顺、唯唯诺诺的人，总是感到这种人忠诚顺手。可是，那些在工作中钻研、有独立精神的人往往不那么盲从，不那么俯首帖耳，有自己的独立见解。甚至这些见解也并不十分完善，还存在一些不妥之处。对这样的同志如果排斥、疏远、打击，就会伤害人们的创造性。[①] 为此，钱三强在不同场合多次呼吁各级组织要鼓励年轻人不要怕失败，遇到失败不要泼冷水，更不要打击。担任领导工作的同志要做科技人员的思想工作，

[①] 王春江：《放眼世界谈风云　关怀学子论人生——钱三强的最后一次谈话》，《党史纵览》，2004年第3期。

鼓励他们的创新精神,促进他们的发展,摈弃"我来管你"的态度。"我来管你"与"我来促你",在字面上虽然只有一字之差,但效果是截然不同的。因为,"管"是管不出有创造性的人才来的,"促"才能促出有创造性的人才来。

钱三强认为有特色的东西一下子是不会完整的,但它对人类知识的积累有贡献,应该允许某些似乎怪里怪气的东西存在。现在看来怪,将来可能是正确的。"在任何时候,在任何国家人民中间,都可能出现这样的人,他们开始知识基础薄弱,但是他有一股子闯劲,不怕权威,被一种不可抗拒的冲劲所驱使,走上了科学研究的道路,并由于他的勤奋与才能获得了非常突出的成就。可是等到他知识多了,在某个方面也确实大有专长了,在一定时期成了一个权威性的人物,⋯⋯他的知识体系对新知识的发展就有排斥或阻力作用,新生事物在他那儿就有被压制或受不到鼓励的危险。"[1]当然,鼓励青年人发挥"创劲",首先是青年人需要有较为坚实和广泛的基础知识,要有自己的刻苦钻研,同时要遵循科学规律。绝不能像过去那样鼓动中学生去推翻相对论,去攻克哥德巴赫猜想,去搞什么"永动机"之类违背科学规律的东西,批评这个批评那个,这样只能是徒劳无益。

钱三强注意到了学术领导人在保护年轻人"创劲"上所起

---

① 钱三强:《科坛漫话》,北京:知识出版社,1984年,第182—183页。

到的举足轻重的作用。他指出学术领导人要注意培养小老虎，要提倡"创"，要给青年造点敢"创"的条件，要勇于承担责任，即使不成功，也没有关系。如果不允许失败和错误，正确的东西就出不来。他颇有远见地看到，要使科学兴旺发达，没有"创劲"是不成的。创的过程，不成熟的思想，肯定是有的。因此，他强调"我们要鼓励青年人个个成为'小老虎'，在扎扎实实地掌握了大学知识的基础上，经过五年、十年的工作，努力创新，做出成果。搞科学研究不要怕失败，不能讥笑失败，要鼓励青年人败而不馁，勇往直前"①。钱三强为此还专门撰文指出，我们应该活跃思想，不要阻碍青年的"创"，应该允许与自己不同的意见，即使顶了自己，也没有关系。只有创造一个良好的风气、环境，才能出一批有意义的成果。钱三强善于用科学案例佐证自己的观点，他用量子力学产生和发展的鲜活例子提醒科技领导者注意保护年轻人的"创劲"，使人听了深受启发，起到了很好的说服效果。他谈道："回顾一下，我们一生中总有一些工作是可有可无的，甚至是不必要的，但也有一些是站得住的，有创造性的工作。做科学研究，重要的是敢于'创'。量子力学到底有多少成就是一把胡子的人干出来的？应该说量子力学是一门年轻的科学，是年轻的科学工作者搞出来的，如德布罗

---

① 钱三强:《科坛漫话》，北京:知识出版社，1984 年，第 126 页。

意、海森堡、薛定谔、狄拉克等等。"①实际上,那些具有宽容和"大爱"的科研院所,往往容易在科技创新方面有大的成就。

　　美国普林斯顿大学不仅有优美的环境和大楼,更有着宽容的良好氛围。在她的宽容和大爱庇护下,安德鲁·怀尔斯教授才能9年不出1篇论文,潜心研究"费马大定理",并获菲尔茨特别成就奖;天才数学家约翰·纳什才能拼搏30年并最终斩获诺贝尔经济学奖。处于知识经济时代的社会需要什么样的人才呢?是专门人才抑或是通才,是知识仓储式的人才抑或是创造性的人才?对此,1997年诺贝尔物理学奖获得者朱棣文做了明确的回答。他说:"创新精神是最重要的,创新精神强而天资差一点的学生,往往比天资强而创新精神不足的学生能取得更大的成绩。美国学生学习成绩不如中国学生,但他们有创新及冒险精神,有时做出一些难于想象甚至发疯般的事情,所以创造出一些惊人的成就。"②值得欣慰的是,作为我国科技事业发展的根本保障,2007年8月,我国在修订科技进步法草案时,首次将"宽容失败"的原则写进这部法律。这一创举"体现了国家对科技工作者勇于探索精神的尊重和重视,已成为我国广大科研人员大胆创新的制度保障"③。宽容失败,就是要在评价体

---

① 钱三强:《科坛漫话》,北京:知识出版社,1984年,第160页。

② ［美］朱棣文:《创新精神最重要》,《新文化报》,1997年12月15日。

③ 冯小松:《宽容失败才能鼓励创新》,《解放军报》,2009年8月20日。

系、激励机制、舆论导向上,对遭遇挫折、出现失败的科研人员给予大力支持扶持,少一些质疑苛责、多一些耐心包容和人文关怀。

四、发扬学术民主是科技创新的必要基础

提高自主创新能力需要大力宣传和鼓励创新精神。那么,如何鼓励科技人员的创新精神呢?钱三强认为主要靠发扬学术民主,活跃自由讨论的空气,提倡学术上的"百家争鸣",各抒己见。在钱三强看来,科学是不断创新、不断前进、永不停步、永无止境的。在科学中没有禁区,没有绝对的权威,也没有千古不易的定论和所谓"终极真理"。因此,科学上的是非只能通过自由讨论和争论来解决,必须排除外来的干预和习惯势力的阻挠。政治上的民主和学术上的百家争鸣是科学繁荣的必要保证。①

纵观科技发展史,创造性和科学民主密切不可分割。在那些缺乏科学民主空气的地方,科学人员的创造性就不会受到鼓励,也不可能得到启发。哪里缺乏科学和民主,哪里愚昧和独断的东西就会多一些。美国科学技术走在世界的最前列,在很大程度上得力于活跃的学术空气。实际上,1940 年以前,美国

---

① 钱三强:《科坛漫话》,北京:知识出版社,1984 年,第 90 页。

整个科学技术水平,并不在世界各国的最前列。那时候,美国科学界也还没有充分体会到创新精神对于发展科学的重要意义。后来一大批优秀的欧洲科学家,特别是一些物理学家到了美国,如费米、西拉德、泰勒等,他们起初从事原子能的研究工作,于 1942 年建成了世界上第一个核反应堆,1945 年研制出原子弹,受到美国政府的重视。这些物理学家思想都非常活跃,他们脑袋里总爱想些新东西。美国"氢弹之父"泰勒几乎每天都有 10 个想法,其中有 9 个半是错的,但他并不在乎。"每天半个对的想法"积起来,使泰勒获得了巨大的成功。

"二战"结束后,这些科学家大多被聘请到大学里担任教授,以进一步发挥他们的作用。通过这些学者到大学里去讲学,他们把欧洲科学界,特别是理论物理学界活跃的学术气氛带给了美国,产生了广泛而深远的影响,促进了一大批有创新精神的人才成长。像杨振宁、李政道这样一些后来有成就的学者,当年都是这批欧洲教授的学生。这些教授很有名气,又没有架子,在黑板上画画写写,说说笑笑,喝喝咖啡,广泛交谈,有时也有争论,每一周或两周一次小型讨论会,大家在一起谈谈,互相受点启发,回去继续工作。由于活跃的学术空气,科学家们发挥出自己的创造能力,青年们受到熏陶,在后来的三十年里,美国发展成为世界科学技术最发达的国家,这期间美国获得诺贝尔奖金的科学家数目也最多。① 目前,世界上有几个著名的学术中心,多半是国际性的学术活动中心。来自世界各地的科学家可以对共同感兴趣的学术问题展开自己的讨论。科学家们都感到在这几个学术中心工作一年或半年,思想就活跃了,会受到许多启发。钱学森在加州理工学院的学习经历也印证了学术民主的重要性。"加州理工学院给这些学者、教授们,也给年轻的学生、研究生们提供了充分的学术权力和民主氛围。不同的学派、不同的学术观点都可以充分发表。学生们也可以充分发表自己的不同学术见解,可以向权威们挑战。……加州理工学院的学术风气,民主而又活跃。我们这些年轻人在这里学习真是大受教益,大开眼界。"②

马克思指出,人是一切社会关系的总和,因此,社会中的每个人都不可避免要面临极其复杂多元的人际关系。"科技工作者也和普通人一样,要和社会建立无数的关系,虽然科技工作者一般并不追求人情练达、长袖善舞式的人际关系,但是一种和谐民主的人际关系对科技工作者却是绝对必要的。"③众所周知,科学事业的关键是人才,人类科学史表明,大批能干的科技人才,以至杰出科学家的成长和造就,都离不开浓厚的学术民

---

① 钱三强:《徜徉原子空间》,天津:百花文艺出版社,1999年,第221—222页。
② 涂元季、顾吉环、李明:《钱学森的最后一次系统谈话——谈科技创新人才的培养问题》,《人民日报》,2009年11月5日。
③ 朱亚宗:《科学家的人文素养:品味与创新》,《湖湘论坛》,2010年第1期。

主氛围。因此对于科技工作者来说,必须提倡发扬学术民主。如何更多地注入传统情谊和现代民主,从而提升科学效率与加快人才培养,无疑需要科学家优秀人才修养的示范。而培养人才,当前在我国,就是在老一辈科学家指导下,充分发挥中青年科学家的作用,他们现在正是我国科学研究的骨干和中坚。作为师长,如何善待学生及后辈,是学术民主的重要内涵。因此,情况正如钱三强先生所指出的那样,"一方面我们要提倡解放思想,特别是要提倡中青年科学工作者发扬年轻人所具有的创新精神,另一方面,又要提倡学术民主,正确对待有创造性的学术思想,避免科学史上曾屡次出现的抑制新生力量的现象"[1]。

五、小结

近代科学精神中最引人赞美和激动人心的部分,无疑是一种与旧传统决裂的批判创新意义。[2] 英国思想家培根极为精彩地概括了西方近代的创新意识对中世纪守旧意识的超越:"中世纪的经院哲学家们,依靠寥寥几本古籍,翻来覆去对它们的内容作逻辑的修补,而不是注意事物本身。这种蜕变的学术主要在经院哲学家中间盛行。这些人的智慧敏锐出众,他们有充

---

[1] 钱三强:《科坛漫话》,北京:知识出版社,1984 年,第 182 页。

[2] 朱亚宗、王新荣:《中国古代科学与文化》,长沙:国防科技大学出版社,1992 年,第 111 页。

裕的闲暇，阅读种类不多的书籍，但是他们的智慧禁锢在少数几个作家(主要是他们的独尊者亚里士多德)的窠臼里，因为他们的人身就束缚在修道院和学院的小天地里；他们对自然史和历史都不甚了了，因而他们没有研究大量的问题，而是无限制地发挥智慧，把在他们的书本上苦心编织成的学术之网来束缚我们……他们实际上编织出了学术的蜘蛛网，网丝和编织之精细令人赞叹；但却是空洞的或无益的。"①创新是科技发展的不竭动力，也是中国实现科学技术现代化的必由之路。"从世界现代化的态势来看，一个国家占领了知识和技术创新的制高点，就必然会在全球经济竞争中占有重要的地位。反之，一味依靠技术引进，则很难从根本上提高国家的核心竞争力。"②

习近平总书记在党的十八届五中全会第二次全体会议上的讲话指出，我国创新能力不强，科技发展水平总体不高，科技对经济社会发展的支撑能力不足，科技对经济增长的贡献率远低于发达国家水平，这是我国这个经济大个头的"阿喀琉斯之踵"。目前，我国科技论文数量已经跃居世界第一，我国的科研人员总量也是世界第一。我国是科技大国，但还不是科技强

---

① [英]亚·沃尔夫：《十六、十七世纪科学、技术和哲学史》，周昌忠、苗以顺译，北京：商务印书馆，1985年，第708页。
② 北京市邓小平理论和"三个代表"重要思想研究中心：《自主创新的时代典范——学习当代中国知识分子的光辉典范王选同志》，《光明日报》，2006年7月3日。

国。我国的科技创新,必须尽快实现从"数量规模型"向"质量
效益型"的有力跨越。

　　钱三强作为杰出的科学家,早在 20 世纪 70 年代就以超前
的眼光意识到科技创新的极端重要性,并大力宣传和鼓励创新
精神,他深谋远虑地提醒我们,"一般来说,从国外能学到的知
识多半是前五年、十年的知识,人家不会给你最先进的知识,你
要领先,就得下苦功,动脑筋,自己创新"①。诸如此类振聋发
聩的观点,现在读来仍令人不由得击节叹赏。在他身上,集中
体现了中华民族放眼世界,开拓创新的优良传统。可以毫不夸
张地说,钱三强科技创新思想的未来影响与历史意义,至今仍
无法估量。在建设创新型国家的今天,其科技创新思想必将成
为启迪我国科技工作者攀登科学高峰的宝贵精神财富。

---

① 钱三强:《钱三强科普著作选集》,上海:上海教育出版社,1990 年,第 251 页。

第四章　钱三强的科技人才思想

在迈向社会主义道路上，每一个人都应该出一份力，大家都推它一把，这就是红。用物理学语言来说，"红"是一个矢量，即有确定指向的矢量，而"专"是这一个矢量的长度。仅仅方向对头，而长度太小，那么推力不大。如果长度很大，但方向不对头，甚至偏向另一边，那就是适得其反。

——钱三强

钱三强是国际著名的核物理学家，他不仅为我国原子弹的研制做出了突出贡献，也为我国原子能科学事业的创立和发展呕心沥血，为培养我国科技人才，特别是核科学人才立下了不朽功勋。围绕科技人才问题，钱三强亦有许多真知灼见。

一、人才是科学事业兴旺发达的关键因素

　　科技人才是科技进步和创新的主体力量,是科学事业兴旺发达的关键因素。国际的竞争,说到底是综合国力的竞争,关键是科学技术的竞争。而科学技术的竞争,实质上就是知识和人才的竞争。作为科技创新主体的科技人才,其数量和质量多寡、质量高低直接影响到国家的科技进步、科技创新及社会经济发展。然而,新中国成立之初,科技人才极其匮乏。旧中国遗留下来的专门研究机构仅有 30 多个,全国科技人员不超过 5 万人,其中专门从事自然科学研究的人员不超过 500 人。

　　原子弹、氢弹是当代科学技术发展的成果,是技术高度密集的事业。在我国当时的情况下,发展原子能事业自然不是一件容易的事,科学技术力量、设备条件、组织协调等方面都困难不少。而解决所有的困难,首先必须培养人才,充分依靠和发挥科技人才的作用。因此,当 1954 年 8 月,彭德怀率军事代表团赴苏参观核爆炸实验前夕约见钱三强,并询问"中国要搞原子弹,怎么搞?"时,他不假思索地答道:"培养人才,聚集力量,为建设原子核工业和研制核武器做准备。"同样,1955 年 1 月 14 日,科学院副院长李四光、国务院第三办公室主任薄一波、地质部副部长刘杰和钱三强到周恩来总理办公室讨论问题,周恩来向钱三强询问搞原子能最关键的问题是什么,钱三强回答

道,我国原子能事业真正想要取得重大进展,除了需要经费,更要紧的是人才,有了人才可能做研究技术工作。周恩来听了汇报后,不久就通知钱三强可以从去苏联、东欧学习的名单中优先挑选需要的人来从事发展原子能的事业。钱三强总共挑选了350人。后来从事原子能事业的一部分骨干就是从这批人中成长起来的。

钱三强深知人才兴则事业兴的道理,因此,他在科学管理工作中特别注重延揽人才。中国科学院成立后,以原北平研究院原子科学研究所和中央研究院物理研究所原子核物理部分为基础,组建了近代物理研究所。其主要任务是研究原子核物理和放射化学,开展原子核科学技术的基础工作,为原子能的应用做准备。所长是钱三强大学时的老师吴有训,钱三强任副所长;1951年吴有训因担任科学院副院长辞去所长职务,钱三强继任所长。参加研究所初期研究工作的仅有王淦昌、彭桓武、何泽慧等十余人。这显然不能满足我国发展原子能科学事业的需要。因此,钱三强想方设法,延揽人才,以便壮大我国的核科学队伍。中国科学院近代物理研究所也总是敞开大门,欢迎一切有识之士的加入。于是大批爱国知识分子,满怀报国之情回国。有学核物理的,放射化学的,其他相关专业的,一批又一批向这里汇集。在他们当中有试验核物理学家、宇宙线和加速器专家赵忠尧、肖健、杨澄中等,理论物理学家邓稼先、胡宁、朱洪元等,放射化学和理论化学家杨承宗、郭挺章、肖伦等,计算机和真空器件专家夏培肃、范新弼等。

这样,近代物理研究所这个强强联合的集体,很快组建了四个试验室,即原子核物理实验室、宇宙线实验室、原子核化学实验室和理论实验室,并且迅速地做起了各自的研究工作。[1]经过几年的艰苦创业,在理论基础、人才培育和物质条件方面为进一步发展原子核科学研究打下了基础。20 世纪 80 年代,钱三强在《新中国原子核科学技术发展简史》一文中总结说:"从 1950 年起,在聚集人才方面做了三个方面的工作:尽量争取科学家、教师和技术人员来所里工作和兼职;争取在国外的中国科学家及留学生归国参加工作;选拔国内优秀的大学生来所培训。"[2]钱三强的人才聚集策略,是开创我国原子能事业最重要的一环,正是有了钱三强远见卓识的人才先行思想,我国原子能事业才能取得快速发展。

二、必须依靠我国自己的力量培养科技人才

20 世纪 30 年代初,钱三强在清华大学物理系学习时,当时的教授如叶企孙、吴有训、萨本栋、周培源、赵忠尧等都是在国外获得过博士学位的。钱三强注意到,这些凡是在国外获得博

---

[1] 胡业深:《钱三强工程管理思想研究》,浙江工商大学 2010 年硕士论文,第 31 页。
[2] 葛能全:《钱三强》,贵阳:贵州人民出版社,2005 年,第 120 页。

士学位的，回来一般都评定为教授，起码是副教授。"但是很多在国内勤勤恳恳建立实验室，做了不少工作，对我们的科学教育事业做出了贡献的，却因为没有出国深造，多数只能是讲师，评副教授的都很少。而且不单在自然科学与社会科学方面有此现象，就是研究文史的人也有这种感觉。"①

从评定职称的这一区别可以看出，那时中国教师腰杆子要靠外国人给的文凭才能直起来，这也从一个侧面说明了旧中国的科技是何等落后！钱三强深刻地指出这种现象背后的实质：它说明我们的国家当时没有能力发展科学事业，要取得教授资格就非出国不行。这就形成了教育与科学方面的崇洋思想，没有机会出国就"望洋兴叹"。②新中国成立前，我国科技人才特别是高层次人才整体数量很少，而且国内不具备培养高学历人才的条件，因此不得不主要依靠国外培养和引进。新中国成立后，钱三强认为我国已经初步具备建立学位制的条件，因此，在1951年9月10日召开的中国科学院第二次院务会上，他"首先提出应考虑建立学位法的建议，因为这是标志国家能够自己培养国际上承认、有相当水平的科学人才的基本措施。有人支持该项建议，主张由院提出报告报政务院文化教育委员会；但也有人表示反对建立学位法。讨论中，由于意见不一，未形成

---

① 钱三强：《科坛漫话》，北京：知识出版社，1984年，第185页。
② 钱三强：《科坛漫话》，北京：知识出版社，1984年，第185页。

决议"①。

改革开放后,我国科技人才队伍迅速壮大,他们不可能都出国攻读学位,因此,必须立足本国培养科技人才。而且科学界、教育界发生了迅速、重大的变化,我国的科学水平大大提高了,我们完全具备建立学位制的条件,可以依靠自己的力量培养高水平科技人才。那种评教授都需在国外获得高级学位的做法,在高等教育处于稀缺资源的阶段是行得通的;但随着高等教育入学率的提高,显然,那种做法不再能长期支持中国科技的发展,越来越多的人必须通过我国自己的力量培养出来。像我们这样的一个大国,从长远观点来看,必须建立一种我们国家自主培养人才的体系。如果没有这种自主培养人才的体系,我国不可能在世界上成为人才强国。那么,在我国实行学位制后,我国自己培养博士的学术标准应如何把握呢?

钱三强对我国授予博士学位的学术水平也发表了富有远见的观点。他认为虽然我国科技整体水平低,但博士的学术标准不能低,应该一开始就把目标瞄准发达国家的水平,大体上以美、英、法、德、苏(副博士)、日本等几个科学比较发达的国家的平均水平为标准。他指出:"在这件事上不能看不起自己,也不能幻想一鸣惊人。因为我们刚开始建立学位制,还是要严格一些好,低了会受到人家的轻视。要完全消除外国人对我们的

① 葛能全:《钱三强年谱》,济南:山东友谊出版社,2002年,第88页。

歧视，要使他们真正承认我们的水平，不是靠三五年的努力，而需要长期的实践，包括建设方面、教育方面和科学文化方面的实践，通过事实使他们非点头不可。"①事实胜于雄辩，改革开放后的中国不仅可以引进世界一流专家，也完全有条件、有能力、有基础自主培养出世界一流的人才。现在活跃在科技领域的无数的专家学者，绝大多数都是我们自己培养的专家和人才。

三、科技人才要"红专并进"

钱三强出生于进步文化家庭，自幼就受到良好教育和进步思想熏陶，后来他的整个成长奋斗经历，都与他追求社会进步和国家富强的抱负紧密联系。他中学毕业受孙中山《建国方略》激励，萌生"工业救国"思想，要做电机工程师；1935 年，大学期间积极响应"一二·九"抗日救国运动，参加北平学生和市民游行示威，冲锋在前，反对成立"冀察政务委员会"；从清华大学毕业后，强忍对日本帝国主义侵略的愤恨赴法国留学，在约里奥-居里夫妇指导下从事原子核物理研究，并取得了饮誉海内外的重要成就；而正当他研究工作进展顺利，环境和条件越来越优越的时候，1948 年他和何泽慧先生却毅然回国。所有这些

---

① 钱三强：《科坛漫话》，北京：知识出版社，1984 年，第 187 页。

都是为着一个目标——使贫穷落后的祖国富强起来。

今天,我国经济社会发生了翻天覆地的变化,但不变的是国家对人才的德育要求。立德树人成为新时代教育的根本任务。培养的人才要"热爱祖国,服务人民",有正确的政治方向,这既是办学宗旨,又是对人才的基本要求。"今天,常讲与国际接轨,这是对的,不开放,则国不能昌,校不能强,但这与爱国主义完全不悖。古今中外,名家志士,无不认同此理。尼·波尔曾把丹麦视为自己心中的太阳升起之地。MIT 校长福斯特说,MIT 首先是一所美国大学,我们已经并将继续为美国做好服务。"①因此,在培养科技人才时,我们既要坚持学术水平,同时,我们的学位获得者又要具有为社会主义服务、为人民服务的思想。如果没有树立为中华民族富强而献身的思想,这样的博士对国家是没有什么好处的。许多大科学家不仅以他们在科学史上的重大科学成就流芳百世,还因他们所具有的爱国情操激励着后人在科学的大道上不断探索。在这方面,钱三强堪称科学家爱国的典范。

爱因斯坦指出:"第一流人物对于时代和历史进程的意义,在其道德品质方面,也许比单纯的才智成就方面还要大。即使是后者,它们取决于品格的程度,也远超过通常所认为的

---

① 郭传杰:《思贤哲 学校训 创一流》,《中国科大报》,2003 年 9 月 12 日。

那样。"①

　　几十年中,正是钱三强的这种爱国主义精神,促进了我国原子能科学事业的兴旺发达,也正是由于他牺牲个人的兴趣,积极为他人创造了施展才华的条件,促进了一大批红专并进的科学人才成长。当钱三强走上科技领导者的岗位时,为了增强青年科技工作者报效国家、服务人民的意识,他非常重视青年的思想工作。每年新大学生、研究生到物理研究所(后改为原子能研究所)报到,他都要亲自给大家做报告,鼓励青年科技工作者走红专并进的道路。他以物理学工作者熟悉的语言,形象、生动地指出:"在迈向社会主义道路上,每一个人都应该出一份力,大家都推它一把,这就是红。用物理学语言来说,'红'是一个矢量,即有确定指向的矢量,而'专'是这一个矢量的长度。仅仅方向对头,而长度太小,那么推力不大。如果长度很大,但方向不对头,甚至偏向另一边,那就是适得其反。"这就是钱三强提出的著名"红专矢量论",是当年青年科学工作者中广为流传的话,收到了理想的教育效果。

　　后来担任华中科技大学校长的樊明武院士当时受"红专矢量论"的影响,不热衷于"文革"时的时髦潮流,而是下决心实践这种思想。樊明武冒风险,学英语,补充基础课程的不足。

---

① 许良英、范岱年编译:《爱因斯坦文集》,第一卷,北京:商务印书馆,1976年,第20页。

他买了英文版的毛主席语录,在每天的"天天读"时间认真学习英语,为改革开放后出国深造打下了良好的基础。就人才成长来说,只专不红,思想、意识、世界观受制于错误观念的牢笼;或只红不专,停留在口头革命派的水平上,同样也是落后,不会对现代化建设有任何价值。

四、选拔培养科技人才必须破除陈规旧习

人才是科学发展的第一资源。青年人才的选拔培养,关系到事业的成败和国家的兴衰。然而,选拔培养人才不是一件轻而易举的事,往往会遇到传统观念和习惯势力的阻碍,例如资历、名气、威望等这类论资排辈的框框,就经常阻碍着人才的选拔培养。科技人才的成长经过按部就班的实践锻炼,其才干和经验当然会有所增长,但也不能绝对化,因为每个科技人才都有自己的具体情况,有些特别优秀的科技人才会提前成熟,"越阶"进入黄金研发期,如果给他们早压担子、用当其时,则会发挥其最佳效能。

正如钱三强自己所说:"千里马是在茫茫草原的驰骋中锻炼出来的,雄鹰的翅膀是在同风暴的搏击中铸成的。"但如果我们没能及时培养和启用,则会形成科技人才资源的浪费。因此,若要求这类拔尖创新人才也必须一级级顺着台阶上,就很容易错过他们的黄金使用期,影响其快速成长。中青年时期是

科学创造的最佳年龄，是出成果的黄金时代，许多独创性的科学发现和技术发明都出自中青年之手。海森堡 25 岁创立量子力学，爱因斯坦 26 岁提出狭义相对论，华罗庚 26 岁解决了数论中的完整三角和估计问题、27 岁提出华氏不等式……因此，要倍加珍惜并积极创造条件，从制度、政策和机制上激励科技人员创新，以推动科技进步。国外的科研机构很注重选拔、重用中青年科技人才。在科技界，继往开来的重大科技创新基本上是靠三四十岁左右的青年科技人才去完成的。

世界科技史表明，科学家的第一项重要成果，有 60% 以上是在 25 岁以前做出的。因此，我们既要遵循科技人才成长的一般规律，又要重视青年拔尖创新人才脱颖而出的特殊规律，不唯资历论，不唯身份论。对有开拓创新精神、有发展潜质的优秀科技人才，尽管资历浅一点、名气小一点、年纪轻一些，也要大胆提拔，把确有真才实学的拔尖创新人才及时选拔到关键岗位上来。2012 年 3 月，中南大学破格聘任解决"西塔潘猜想"的大四学生刘路为该校研究员，由学校推荐其参加国家"青年千人计划"的评选，并奖励 100 万元。这一举动正是打破常规，重视优秀杰出青年人才的表现，无疑对青年科技人才起到了很大的鼓舞作用。

钱三强作为杰出的拔尖创新人才，33 岁时就与夫人何泽慧共同发现重核原子三分裂现象，提出了三分裂的机制理论，将人类对核裂变的认识向前推进一步，自己也在 34 岁时被破格升任为法国国家科学研究所中心研究导师,这是外国学者少有能获得的学术职务,那时中国学者唯钱三强一人。[①] 钱三强深谙拔尖创新人才的成长规律,他认为选拔科技人才一定要破除陈规旧习,只有坚持培养,突破禁锢,不拘一格,人才才能成长起来。因此,钱三强在后来的科研组织领导工作中十分重视培养拔尖创新人才。他破例推荐朱光亚担任核武器研究所副所长,就是经典案例。

　　1959年,我国核武器研制机构急需一位负责设计最后产品的科学技术领导人(技术总负责),钱三强受二机部部长宋任穷委托物色合适人选。经过反复酝酿和比较,最后选中了时任原子能研究所中子物理研究室副主任的朱光亚。朱光亚当时还属于科技界的"中"字辈,仅35岁,论资历不那么深,论名气没有那么大,但他深厚的学术造诣、卓越的组织才能以及优秀的人品给钱三强留下了深刻的印象,他深信朱光亚堪担大任。1959年7月1日,经钱三强提名推荐,时年35岁的朱光亚被调到二机部,担任核武器研究所技术副所长和第四技术委员会副主任,承担起了中国核武器研制攻关的技术领导重担,同时负责点火等主要技术课题的攻关指导工作。在核武器研究这个高层技术决策岗位上,朱光亚承上启下、出谋划策、制订计划、组建队伍、组织协调、综合平衡,在研究方向的确定、技术路线

---

① 葛能全:《钱三强年谱》,济南:山东友谊出版社,2002年,第54页。

的选择、试验方案的审核、科技力量的调度、工作进度的安排等方面，做了大量艰苦细致的工作，发挥了不可替代的重要作用。实践证明，朱光亚不仅把担子挑起来了，很好地完成了党和国家交给的任务，做出了重要贡献，而且后来成为我国科技事业的卓越领导人。

五、拔尖人才是科技突破的关键力量

"学术带头人"就是学术上的"领头雁"，一个优秀的学术带头人的作用，不仅仅在于他个人能取得令人瞩目的学术成就，更重要的是能把一批优秀的学者团结在自己周围，形成一个高水平的学术群体，共同建设好一个学科，这就是我们"培养"学术带头人所期望的"雁行效应"。① 钱三强认为，科学技术工作要开创新局面，适应现代化建设的需要，一个很重要的问题，是要加强科技队伍的建设，努力培养和选拔学术带头人或技术带头人。所谓"带头人"，并不一定是本门学科或本项工程技术里年龄最大、威望最高的人，但应该是有本事的人。这种本事就是：在学术上或技术上有一定造诣；有运用知识解决问题的能力；有干劲和创新精神；善于识人、用人，团结人。这样的带头人，研究所里需要，工厂企业里需要，大的科技攻关项

---

① 张富良：《关于培养学术带头人的思考》，《中国高等教育研究》，2009 年第 9 期。

目中同样需要。①

　　钱三强曾精辟地指出:科学技术工作,不能靠人海战术,也不能靠拼财力、物力。一个单位,人多、钱多、设备条件好,不一定出的成果就多、科研水平就高,关键要看有没有一批有本事的带头人,要看人员的组合和使用是不是合理。② 科技史上以弱胜强、以少胜多的精彩事例屡见不鲜。袁隆平攻克杂交水稻难关就是明证。菲律宾国际水稻研究所是权威研究机构,人均科研经费达 50 万美元,财力雄厚,人才济济。而袁隆平在 20 世纪六七十年代处于远离学术中心的湘西安江农校,以不足 1 万元人民币的经费,在杂交水稻攻关中捷足先登。无独有偶,沃森和克里克发现 DNA 双螺旋结构的研究工作,也是在既无经费又无设备且无时间保障的条件下进行的。当时二人是卡文迪许实验室的研究人员,但二人的法定任务是研究血红蛋白结构,他们独具慧眼地看出 DNA 结构研究更具价值,于是在业余时间进行研究,仅仅花了 3000 美元便发现了 DNA 双螺旋结构,开启了人类生物学研究的新时代。

　　选好学术带头人对科研工作好坏关系极大。因此,钱三强对学术带头人的选择总是权衡再三,慎之又慎。经钱三强推荐和选择的学术带头人往往能不负众望,很快适应新的岗位并做

----

① 钱三强:《科坛漫话》,北京:知识出版社,1984 年,第 193 页。
② 钱三强:《科坛漫话》,北京:知识出版社,1984 年,第 193 页。

出应有贡献。钱三强在选择学术带头人方面有几个成功案例。1958年,二机部核武器研究所成立,急需理论设计的负责人。钱三强经过反复比较,大胆起用年轻科学家,推荐当时只有34岁的理论物理学家邓稼先到核武器研究所工作并担任理论部主任。邓稼先到任后带领理论部科技人员开展了爆轰物理、流体力学、状态方程、中子输运等基础理论研究,完成了原子弹的理论方案,并参与指导核试验的爆轰模拟试验,迈出了中国独立研究核武器的第一步。

后来杨振宁在听说这个情况后,很有感触,他先后写信和发表谈话对钱三强表示敬意,一次他说道:"我很佩服钱三强先生推荐的是邓稼先这个人去做原子弹的工作。因为那时候中国的人很多呀,他为什么推荐邓稼先呢?我想,他当初有这个眼光,指明邓稼先去做这件事情,现在看起来当然非常正确。可以说做了一件很大的贡献。因为他必须对邓稼先的个性、能发挥作用的地方有深刻的理解才会推荐他。而这个推荐是非常对的,与后来原子弹、氢弹的成功有很密切的关系。"①

1960年,在原子能所成立轻核理论组,开展热核材料性能和热核反应机理探索性研究时,钱三强着重考虑了科研骨干的配备。经过再三斟酌,他先后任命黄祖洽和于敏担任轻核理论组的正、副组长。"黄祖洽、于敏于40年代末毕业于清华、北大

① 宋健:《两弹一星元勋传——邓稼先》,北京:清华大学出版社,2001年,第271页。

物理系,都是钱三强选拔到近代物理所的优秀科学工作者。理论物理研究室成立反应堆理论组和原子核理论组时,又是钱选中他俩分别担任这两个组的组长。那时,理论研究室从西欧、北美回国的科学家和留学生不少,要是论资排辈,还轮不到他俩。但是,钱三强的信条是:千里马是在茫茫草原的驰骋中锻炼出来的,雄鹰的翅膀是在同风暴的搏击中铸成的;既要为王淦昌、彭桓武这样科学功底深厚、已具有相当知名度的科学家施展才华创造条件,也要让年轻人有一试身手的机会。'爱才尤贵无名时。'不负众望,于在 50 年代就发表了 20 多篇优秀论文,填补了我国原子核理论的空白,黄成了我国反应堆理论的创始人之一。"①事实证明了钱三强任用于敏、黄祖洽的远见和胆识。对此,当年参加了氢弹理论研究并有重要贡献的理论物理学家何祚庥同志有一个中肯的评语,他说:"调于敏来参加工作,这是三强在领导氢弹理论研究方面所做的重大决策。事实证明,这一决策十分正确。如果那时不是及早请于敏来参加这一工作,氢弹理论的完成,恐怕至少要推迟两年时间。"②

　　钱三强结合推荐朱光亚的例子,谈到选拔带头人的标准主要有以下几个方面:第一,具有较高的业务水平和判断事物的能力;第二,要有较强的组织观念和科学组织能力;第三,具有

---

① 张纪夫:《钱三强与中国氢弹》,《金秋科苑》,1995 年第 1 期。
② 张纪夫:《钱三强与中国氢弹》,《金秋科苑》,1995 年第 1 期。

团队精神；第四，要年富力强，精力旺盛。以团队精神为例，人类科技史表明，绝大多数成功的科技人才都有良好的团队精神。"从一些现代大型科研项目来看，一方面各协作的生产或科研部门为了提高工作效率，分工越来越细而趋向高度专业化；另一方面这些重大的科研项目越来越带有高度综合性，不实行大协作是不能完成的。"①因此对于科技工作者来说，必须提倡团队精神。这种要求的提出，与钱三强早年辗转于科研院所和高校之间的工作经历密切相关，参与原子弹研制的管理工作经历也使他深刻认识到了科研团队合作的重要性。因此"通力合作"能力成为选拔学术带头人的核心内容之一。

但是，对"团队精神"必须作广义的理解。"团队精神"不是一个单一性概念，而是一个复杂性概念，只有深入分析和真切理解它的丰富内涵，才能使科技工作者在人际关系处理上有自觉的行动。在当代流行的大规模攻关群体中，科技工作者面临的人际关系其实与严密的行政组织几无差别，在这样的群体中，从高层决策指挥到基层人员，凡是受中国社会文化熏染的中国科技工作者并不难懂得如何发扬团队精神。然而在非大规模集体攻关的情形下，各类科技工作者如何各得其所、各司其职、各尽所能，也是"团队精神"极其重要的一面。遗憾的是，今天广大科技工作者未必都有真切的见解与精明的行为。即

---

① 钱三强：《科坛漫话》，北京：知识出版社，1984年，第58页。

使在大规模集体攻关秩序下,如何更多注入传统情谊和现代民主,从而提升科学效率与加快人才培养,无疑仍需要历代科学家优秀人文修养的示范。

第五章　钱三强的识才、爱才艺术

有本事的带头人从哪里来呢？靠培养，靠发现，靠实际锻炼。培养选拔人才，不是一件轻而易举的事，人才不是自然而然冒出来的；相反，往往会遇到传统观念和习惯势力的阻碍，例如资历、名气、威望等等这类论资排辈的框框，就经常阻碍着人才的发现。只有坚持培养，突破禁锢，人才才能成长起来。

——钱三强

钱三强在 50 余年的科学研究与管理实践中，始终尊重知识、尊重人才，并形成了系统的人才思想和高超的识才爱才艺术。钱三强的识才、爱才艺术是其科技人才思想的具体运用，是我国科学事业特别是原子能科学事业不断发展壮大的重要推力。研究钱三强的识才、爱才艺术，对我们实施科教兴国战略和人才强国战略具有重要的现实意义。

一、不拘一格的荐才眼光

清朝著名思想家、文学家龚自珍的诗——"九州生气恃风雷，万马齐喑究可哀。我劝天公重抖擞，不拘一格降人才"①，一百多年以来，一直被人们所传诵。在今天已成为经典的中共七大文献中，毛泽东引用并发挥了龚自珍的诗句，热切期望党内人才辈出，党员富有个性和活力，他说："不能设想每个人不能发展，而社会有发展。同样不能设想我们党有党性，而每个党员没有个性，都是木头，一百二十万党员就是一百二十万块木头。这里我记起龚自珍写的两句诗：'我劝天公重抖擞，不拘一格降人才。'在我们党内，我想这样讲：'我劝马列重抖擞，不拘一格降人才。'不要使我们的党员成了纸糊泥塑的人，什么都一样的，那就不好了。"②然而，选拔人才做到"不拘一格"不是一件容易的事，往往会遇到传统观念和习惯势力的阻碍，例如资历、学历、出身、名气、威望等这类论资排辈的框框，就经常阻碍人才的选拔培养。钱三强认为推荐人才一定要破除陈规旧

---

① 钱仲联等：《元明清诗鉴赏辞典》，上海：上海辞书出版社，1994 年，第 1446 页。
② 陈晋：《毛泽东读书笔记精讲·文学卷》，南宁：广西人民出版社，2017 年，第 266 页。

习,只有突破禁锢,不拘一格,唯才是举,人才才能成长起来。更为重要的是,钱三强在科技管理中践行这一理念,竭力排除来自"左"的思潮的种种干扰,把有才能的人选推荐到关键岗位。参加原子弹、氢弹研制的科学家有不少都是钱三强推荐的,其中周光召的例子最能体现钱三强不拘一格的荐才风格。

周光召到核武器研究所从事理论工作是钱三强破除家庭出身、举荐人才的典型案例。周光召青年时代就读名校,志向高远,品学兼优。但因社会关系复杂,在20世纪50年代初的发展道路并非一帆风顺。大学毕业后赴苏留学未获批准,然而他并不气馁。在国内继续潜心钻研,并虚心向身边的名师请教,专业水平得以迅速提高。1957年,训练有素的青年周光召以访问学者的身份,跟随王淦昌先生赴苏联杜布纳小镇的联合原子核研究所从事理论研究工作。短短几年内,以《赝矢量》等数十篇高质量论文使国际理论物理界刮目相看,一跃成为物理学界的新星,并两次获得联合原子核研究所的科研奖金。

1960年,钱三强代表中方来到苏联杜布纳联合原子核研究所参加各成员国代表定期召开的例会。由于中苏关系已经全面破裂,苏联撤走全部援华专家,我国核武器研制陷入困难的局面,我国急需大量优秀科技人才参加到核武器的研制工作中来。在苏联的周光召、吕敏和何祚庥积极为国分忧,向钱三强递交了一份要求回国参加原子弹研制的报告。按照当时的观点,吕敏和何祚庥都"根正苗红",调吕敏和何祚庥到核武器研究所工作没有多大困难,但调周光召则遇到了很大的阻力。

周光召当时是北京大学的教师,重新安排工作必须和北京大学协商,这并不容易实现。更重要的是,周光召有极为复杂的社会关系,按照当时的准则,是绝对不可能接受的。① 但当钱三强通过何祚庥了解到周光召是一位少有的、在理论物理方面功底十分深厚的杰出人才时,他无论如何也要促其实现请求。为此,钱三强在苏联立即拍电报给二机部部长刘杰,大力推荐周光召到核武器研究所从事理论工作。从苏返国后,还亲自出面到北京大学商调,终于功夫不负有心人,使周光召的调动得以解决。获准参与中国原子弹研制的周光召,紧紧抓住这次来之不易的机遇,以最大做功原理的新思路,克服原子弹研制中的重大障碍,为中国原子弹工程做出了历史性贡献。

周光召也因此对钱三强一直充满感激和敬意,后来他在接受《环球科学》采访时强调:"在中国发展核武器的过程中,老一辈科学家发挥了至关重要的作用。一位很重要的科学家是钱三强。他为中国的核武器研究准备了人才和技术。从科学家的角度看,钱三强对中国核武器研制的远见和部署,对这个领域人才的储备和培养,在核武器研究中起的作用是非常大的,我们尊重和怀念他。"②

---

① 葛能全:《钱三强年谱》,济南:山东友谊出版社,2002 年,第 153 页。
② 周光召:《开放的科学　开放的创新环境》,《环球科学》,2007 年第 12 期。

二、热情励人的爱才情怀

1949年，钱三强当选为全国青联副主席，从此与青年工作结下了不解之缘。可以毫不夸张地说，钱三强时时以关心帮助青年为己任。在科研工作中，钱三强注意发挥青年的主动性，放手让他们大胆探索，在一些关键之处给以指点；他注意引导和鼓励青年独立思考，发表见解，即使是不成熟的或萌芽状态的，他总是给以热情鼓励，并一起探讨，逐步完善；他以平等态度与青年交往，经常以自己的经验教训和亲身体会，帮助青年少走弯路。钱三强甚至认为，热忱帮助年青一代是一个优秀的科学工作者的基本品质。

在科技界，钱三强关心爱护年轻科技工作者是出了名的，从一封信中我们可以窥见钱三强对青年的教益。1988年5月，钱三强接到时任上海原子核研究所所长杨福家的亲笔信，信中写道："我还常记得25年前赴丹麦前夕您在中关村一座大楼内对我的教益，它常常鼓励我的工作与学习。"更难能可贵的是，在对知识分子采取"左"倾态度的20世纪50年代后期，钱三强在自己的权限范围内对很多青年加以关心保护。考虑到当时所处的政治环境，钱三强既要保护有个性的年轻科技工作的积极性，又要应对各种"运动"检查，这无疑需要极高的智慧和技巧。从钱三强对于敏的关心爱护可见一斑。1957年反右之后，

"左"倾思想不断抬头,于敏由于钻研业务,在"插红旗、拔白旗"运动中被当成"只专不红",走"粉红色"道路的典型,成了原子能研究所的重点批判对象,于敏的处境颇为不妙。显然,这种批判是不公平的。

"在 1959 年的某一天,所党委要钱出面找于谈一次话,以点化'顽石'。对于于敏的批判钱三强一直是不赞成的。但是,他是共产党员、所党委副书记,党委的决定不能不执行。……钱泛泛地谈为什么要开展这一运动,又谈了知识分子的弱点、学习改造自己的重要,但具体到于敏时,除了肯定于敏勤奋好学,勇于攀登核理论的高峰,说来说去不外是:对大家的意见,有则改之,无则加勉。至于'知识私有'这四个字,他始终没有说,他说不出来,因为这不是事实。……钱就这样完成了他的谈话任务,又保护了于敏的积极性。"①

深厚的物理学功底和非凡的综合科学素质,使于敏在中国氢弹研制过程中屡克难关,屡建奇功。20 世纪 60 年代中期,J501 计算机只有每秒 5 万次的计算速度,而氢弹理论方案十分复杂。面对难以计算的困难,于敏以高超的理论技巧,将复杂的物理过程化整为零,以深入的质性分析简化计算程序,终于通过计算成功验证氢弹理论方案。其思路之巧妙、方案之合理、经费之节省,胜过美国氢弹之父泰勒的早期研究,也使中国

---

① 张纪夫:《钱三强与中国氢弹》,《金秋科苑》,1995 年第 5 期。

赶在法国之前成功爆炸氢弹。正是由于钱三强等老一辈科学家坚持不懈地对青年科技工作者进行鼓励、信任、教诲和示范,使得我国科学技术领域中,有一大批年轻人自觉自愿地把自己的青春才华和毕生精力,默默无闻地奉献给国家和人民期盼的事业。

钱三强对青年的关心鼓励更体现在他对青年的殷切期望上。1982年,钱三强应《中国青年报》之约,为该报"科学技术进步是实现翻两番的关键"专刊发表访问谈话,主题是"寄厚望于青年"。钱三强在访谈中说道:"要实现到本世纪末工农业总产值翻两番,在很大程度上取决于现在这一代青年的理想、知识和实干精神。……党、国家和人民寄厚望于经济战线、科技战线和其他各条战线的同志,更寄厚望于这些战线的青年同志。"[①]他反复提倡青年科学工作者发扬年轻人所具有的创新精神,希望青年个个成为"小老虎",在扎扎实实地掌握了大学知识的基础上,经过五年、十年的工作,努力创新,做出成果。[②] 他认为,一个人,特别是青年要想有所作为,就需要有一股子创劲和闯劲。要创新,就会有失败。他勉励青年人搞科学研究不要怕失败,应该败而不馁,持之以恒,勇往直前。

正如马克思说的那样:"在科学上没有平坦的大道,只有不

---

① 葛能全:《钱三强年谱》,济南:山东友谊出版社,2002年,第288页,。
② 钱三强:《科坛漫话》,北京:知识出版社,1984年,第126页。

畏劳苦沿着陡峭山路攀登的人,才有希望达到光辉的顶点。"创造性和学术民主密不可分。因此,钱三强提倡学术领导人发扬学术民主,活跃自由讨论的空气,提倡学术上的"百家争鸣"。他认为学术领导人应正确对待有创造性的学术思想,不要阻碍青年的"创",而是要给青年创造点敢"创"的条件,允许某些似乎怪里怪气的东西存在。现在看来怪,将来可能是正确的。"如玻尔提出的原子模型,电子围绕原子核转,按照古典力学的原则,电子会越来越靠近原子核,最后轨道不能维持了。但玻尔原子模型提出时没有管这些矛盾,以后才进一步从理论上进行了阐述和解释。"①同时,他认为作为一个学术领导人应该具有海纳百川的胸怀和气度,应允许有与自己不同的意见,即使年轻人顶了自己,也没有关系,应该避免科学史上屡次出现的压制新生力量的现象。如果不允许失败和错误,青年闯将是出不来的,这样只会对国家的事业有害。

三、顾全大局的用才艺术

在工作实践中考核人才,实行优胜劣汰,有上有下,以确保工作质量,这是钱三强在科研组织领导工作中"知人善任"的一个特色。中国有讲究人情面子、"一贯制"、能上不能下的传统,

---

① 钱三强:《科坛漫话》,北京:知识出版社,1984年,第161页。

做到这一点很不容易,但钱三强努力做到了。他对所里人员职务的调整就很好地体现了这一理念。轻核反应实验组的组长,最初由蔡敦九担任,后改由丁大钊担任。这一前一后都是钱三强决定的。轻核反应实验组当时的工作是非常重要的,但是为什么要中途换将呢?蔡犯错误了吗?没有。蔡不胜任工作吗?不是。蔡对钱不恭吗?更不是。在轻核反应实验组一年的文献调研工作中丁大钊思想活跃、才华出众,蔡则"略输文采"。从实验组下一步工作考虑,丁担任组长比蔡合适。这就是钱三强决定换人的缘由。①

钱三强认为,做到知人善任,首先需要领导和管理者解放思想。那种因循守旧,墨守成规,不求上进,甘当外行的精神状态,是做不好管理工作的。担任领导工作的同志要做好人才的思想工作,应该鼓励创新,促进人才的发展。于敏得以参加氢弹理论的预先研究任务,就是钱三强竭力排除来自"左"的思潮的干扰、知人善任的结果。于敏是优秀的理论物理工作者,对物理有非凡的理解力或领悟力,又有极强的数学上的"硬分析"能力,还有极其娴熟的计算能力,也是不可多得的人才。② 但是,于敏是原子能所里有名的"老运动员",也是"于敏道路"的代表人物。这样的"代表人"能否请来参加氢弹理论预研任务,

---

① 葛能全:《钱三强年谱》,济南:山东友谊出版社,2002年,第160页。
② 葛能全:《钱三强年谱》,济南:山东友谊出版社,2002年,第156页。

是存在很大争议的。这一次又是钱三强承担起政治责任，拍板定案，决定调于敏同时来从事并参加领导这项工作。事实证明，于敏在氢弹理论的开拓和奠定上做出了巨大贡献。

同时，钱三强对用人过程中存在的种种弊端进行抨击。他注意到，当时许多同志用人，喜欢用顺手的人。钱三强觉得"顺"与"不顺"要做具体分析。不好好工作，故意扯皮闹纠纷，这样的人如不克服毛病，是不好用的。但也有另外一种情况，有的人习惯于唯唯诺诺，见机行事，逢人便说好，专门搞关系学，不用心思钻研业务，不独立思考，工作中缺乏创新精神，这样的人，用起来是顺手，可并不是事业所需要的人才。优秀人才，首先具有一种事业责任感，他判断事情、发表意见，只是从对事业负责的态度出发，而不大考虑个人得失和人缘关系，因此，往往说话办事不那么"顺"。但是，使用这样的人，对工作很有利。这些人也可能有缺点和不足之处，因为从多年经验看，一个人的优点，往往同他的缺点联系着。比如，有创新精神、能干的人，往往喜欢发表见解，有朝气，这是优点；但如果过于坚持己见，不大考虑别人的意见，有时就显出固执或自傲，这就成了缺点。再好的人才，不论是在培养选拔过程中，还是已经成了"带头人"以后，都会有不足之处，关键是对他的优点和缺点、长处和短处，要做具体分析，要发扬他的优点，帮助他克服缺点。①

　　要使用好人才,就需要把人才放到最适合他的岗位,这就涉及人才的流动。能否实现人尽其才,领导者的观念极其重要。钱三强认为,领导工作人员对人才的使用要顾全大局,打破本位主义思想,脑子里应该有一本全国的账。"不要觉得凡是我所管辖范围的人,最好一个也不要离开我,大家窝在一起。要是这样的话,我们的科学技术发展就没有什么希望。尤其是管理干部的人,要有一种很高的姿态和气魄,舍得把最好、最顶用的人用到最需要、最关键的地方去,不分是你的还是我的。这样既解决了急需、为国家做出了贡献,又能促使人员交流,人才成长。"②

　　钱三强以原子弹研制为例,说明了顾全大局,舍得给人的重要性。如果当时各单位都把人才作为私有财产,我们的原子能事业就很难取得这样迅速的发展。其实,远的不说,钱三强所领导的原子能研究所就是顾全大局、舍得给人的典范。每当工作需要,钱三强总是以大局为重,忍痛割爱,大胆放人。如1958 年 7 月,根据需要,向二机部推荐本所理论物理学家邓稼先参加核武器研究所有关工作;1959 年推荐本所中子物理室副主任朱光亚到核武器研究所担任副所长;1961 年从全局出发,

① 钱三强:《徜徉原子空间》,天津:百花文艺出版社,1999 年,第 72—73 页。
② 钱三强:《科坛漫话》,北京:知识出版社,1984 年,第 219 页。

积极推荐本所副所长王淦昌、彭桓武调任核武器研究所副所长。

据统计,从 1959 年至 1965 年 7 月,原子能研究所选调给核武器科研第一线的科学技术人员共计 914 人,其中光正副研究员、正副总工程师就有 28 人;向全国科研第一线输送和培训了 4781 名科学技术人员,这些人员中的多数都成了"两弹"攻关和核科研的中坚力量。曾有人说过:在中国研制"两弹"的悲壮进军中,钱三强的原子能研究所是"满门忠烈"的科技大本营。这一评论可谓客观公正。

第六章　钱三强的科学普及思想

科学普及,对于科学技术本身的发展和真正体现它的社会作用,都是必不可少的。从根本意义上来说,科学技术的重大作用,主要是通过科学普及活动,使广大群众掌握科学技术知识,并使之应用于社会生产的各个方面来体现的。可以说,每一种新的科学技术的应用和推广,都是科学普及的结果。

——钱三强

钱三强在从事繁重的科学研究和管理工作的同时,极为重视科学普及工作,挤出时间撰写了大量科普作品,形成了丰富的科普思想。他身体力行,大力开展科普活动,对促进我国科普事业的发展做出了重要贡献。

一、科普是人类社会发展的客观需要

"科普"是"科学技术普及"的简称,指把人类已经掌握的科学技术知识和技能(包括各门科学技术的概念、理论、技术、历史发展、最新成果、发展趋势及其作用、意义)以及先进的科学思想和科学方法,通过各种方式和途径广泛地传播到社会的有关方面,使其为广大受众所了解,用以提高学识,增长才干,促进社会进步。科学普及是现代社会中某些相当复杂的社会现象和认识过程的总的概括,是人们改造自然,造福社会的一种有意识、有目的的行动。所谓"相当复杂"是指它的内容广泛,对象众多,形式多样,深浅不同。所谓"社会现象"是指它是人类社会发展到一定阶段所出现的社会生活现象。所谓"认识过程"就是通过科普工作,使人们对某些科学技术,由不认识到有所认识,由知之不多到知之较多的认识过程。所谓"有意识有目的的行动"是指科普工作具有鲜明的目的性,不是为科普而科普,更不是为了供人消遣或传播一些无益有害的"知识"去腐蚀人民;而应当有助于人们提高学识,增长才干,促进社会的繁荣和进步。① 在"科普"这个概念之下,科学天然地具有正的

---

① 章道义、陶世龙、郭正谊:《科普创作概论》,北京:北京大学出版社,1983年,第5—6页。

形象，具有正确、高明、有效等正的含意，甚至拥有意识形态上
的崇高地位。

目前国际上一般称"科普"为"公众科技传播"（Public
Communication of Science and Technology）。我们现在所说的科
学传播是以公众理解科学的理念为核心的。对具体知识的普
及只是科学传播活动的一部分，而且不是最重要的部分。由于
学校教育的普及和发展，基础科学知识的传播当然要由学校教
育完成。传统科普由于过分强调科学知识的普及，与学校教育
无法分清界限，从而使自己主动地成为学校教育的附庸。当
然，科学传播不仅在理念上与科普有着非常大的差别，在传播
手段上也与传统科普有所不同。相对于传统科普来说，科学传
播更强调互联网、电视、报纸等大众传媒的作用。科学传播主
要是通过大众传媒进行的，其预期受众是全体公众，而不仅仅
是传统科普的"广大青少年"。

科学传播的目的在于促进公众对科学事业的理解，打破科
学事业与民众之间的藩篱，在科学精神、科学方法、科学史、科
学与自然、科学与社会、科学与文明、科学与伪科学、科学前沿
进展和基本科学知识等方面使公众对科学有更多更深的了
解。① 特别是中国是一个从半封建半殖民地社会过来的社会主
义国家，对科学技术普遍缺乏认识；发展科学技术对整个国民

---

① 江晓原：《看！科学主义》，上海：上海交通大学出版社，2007年，第63页。

经济的重大作用,缺乏实际体验;愚昧、保守思想、小生产方式、私有观念、封建割据的习惯等等虽然是残余,但还很顽固地在许多方面起着作用。不能估计得简单和轻易。要改变这种状况,科学普及不可或缺。实际上,科学普及与科技创新同等重要,是实现创新发展的两翼。① 它对普及科学知识、弘扬科学精神、传播科学思想、提倡科学方法,在全社会形成讲科学、爱科学、学科学、用科学的良好氛围,具有不可或缺的作用。

近年来,"科学普及""科学素质""科学精神"已成为人们生活中耳熟能详的词语。"在科学普及活动中弘扬科学精神、普及科学知识、传播科学思想、提倡科学方法已成为全社会的共识。"②但在改革开放初期,我国的科学普及工作与四个现代化建设的形势和要求很不相适应,具体表现为:科学普及工作不被各方面所重视;不少科学技术工作者脑子里还没有挂上科学普及的号;科普作品从数量到质量,从内容到形式都还远远不能满足广大人民群众的需要。针对这种情况,钱三强撰文指出:"提高中华民族的科学文化水平,是全中国人民的一项神圣而又艰巨的战略任务。面对我国四个现代化建设的现实和未来,这项任务显得更为重要和刻不容缓。科学普及工作是一项直接为上述任务服务的工作,应该说它的重要性是显而易见、

---

① 习近平:《为建设世界科技强国而奋斗——在全国科技创新大会、两院院士大会、中国科协第九次全国代表大会上的讲话》,《人民日报》,2016 年 6 月 1 日。
② 朱效民:《科学普及,普及什么?》,《科学对社会的影响》,2003 年第 3 期。

众所周知的,但事实并不完全如此。"①正因为如此,钱三强非常支持科普工作,尤其是从领导岗位退下来以后,他以科学精英的角色为推进科普工作发挥了举足轻重的影响。

1990年3月,钱三强院士在听取广西科技出版社编辑黄健关于《当代中华科学英才丛书》的汇报后,充分肯定并支持广西科技出版社出版这一套丛书。他说:"出版这套优秀中青年科学家的传记,有十分重要的社会意义。这对于全社会努力形成尊重知识、尊重人才的良好风气,树立一种重视科学、尊重科学、热爱科学和理解科学的精神,有不可估量的现实意义。"还说:"现在为科学家树碑立传的出版社不多见,你们的精神很可嘉,要把这件事情做好。"②1991年10月,广西科学技术出版社组织编辑大型少年科普图书——"少年科学文库"(《新编十万个为什么》是"文库"中的一套书),拟聘请钱三强任"文库"顾问并作序。当时,正值钱三强在京主持中国科学院学部委员会议。经安排,钱三强在百忙之中抽空听取了黄健编辑的汇报,钱三强非常支持这一工作,并指出:"科学工作很重要,科普工作的任务就是把科技知识、科学思想和科学方法传授给大众,尤其是传授给当代青少年,从而提高全民族的科技文化素养。

---

① 钱三强:《科坛漫话》,北京:知识出版社,1984年,第235页。
② 黄健:《钱三强院士的关怀与期望——回忆我国原子能科学事业的奠基人钱三强院士对中国科普事业的关怀》,《沿海企业与科技》,1999年第5期,第12页。

社会进步和经济发展都离不开科普工作。"①同年 11 月 1 日，黄健接到钱三强亲自从北京寄来的专递快件，内装钱三强为"少年科学文库"撰写的代序《致二十一世纪的主人》和钱三强给黄建的亲笔信。在信中，钱三强着重强调了三点：

第一，"少年科学文库"是开启现代科技知识宝库的钥匙，缔造 21 世纪人才的摇篮；

第二，少年儿童朋友要想在未来驾驶时代航船，就必须从现在起努力学习科学，增长知识，扩大眼界，认识社会和自然发展的客观规律，为建设有中国特色的社会主义而艰苦奋斗；

第三，衷心地希望少年朋友一定为当好 21 世纪的主人，知难而进，锲而不舍，从书本、从实践中汲取现代科学知识的营养，为中华民族的科学技术实现划时代的崛起，为中国迈入世界科技先进强国之林而不断努力。

可以毫不夸张地说，科学普及对于科学技术本身的发展和真正体现它的社会作用，都是必不可少的。从某种意义上来说，科学技术的重大作用，主要是通过科学普及活动，使广大群众掌握科学技术知识，并将之运用于社会生产的各个方面来体现的。甚至可以说，每一种新的科学技术的应用和推广，都是科学普及的结果。以激光为例，我国早在 20 世纪 60 年代就及

---

① 黄健：《钱三强院士的关怀与期望——回忆我国原子能科学事业的奠基人钱三强院士对中国科普事业的关怀》，《沿海企业与科技》，1999 年第 5 期，第 12 页。

时地将激光作为重点项目列入科技发展规划，并组织有关科学工作者着手研究；同时，也较为重视激光技术的宣传工作，如开办激光技术讲座，出版激光基础知识的书刊，办宣传栏，搞展览模型等，为激光技术的迅速发展和广泛应用，打下了良好的基础。

钱三强认为，科普是传播活动，把科学的东西传播给公众、听众。既然是科学的传播活动，那么在整个人的生活过程里都需有，所有的人都需要科普。从整个社会来看，没有科学技术的传播、普及，生产力就很难得到应有的提高。特别是人类进入现代社会以后，增加劳动力和提高劳动强度对提高社会生产力的作用已越来越小；社会生产力的提高主要依赖于科学技术的进步。这样，传播、普及科学技术的地位也就越来越重要。

当今世界上科学技术最为发达的美国在 1994 年公布的《科学与国家利益》政府文件中，就强调要"通过科普提高全体美国人的科学素养"。10 年之后，白宫科技政策办公室在出台的文件《为了 21 世纪的科学》中，明确提出把美国科普的重点放在对科学、技术、工程劳动力的培养上，并面向公众开展科普工作。西班牙和韩国等国甚至采取法律措施加强科普。

我国对科普也非常重视，不断加大投入。中共中央、国务院 1994 年 12 月 5 日发布了《关于加强科学技术普及工作的若干意见》。2002 年 6 月 29 日，《中华人民共和国科学技术普及法》发布实施。2006 年 2 月发布的《全民科学素质行动计划纲要》要求：到 2010 年,中国科学技术教育、传播与普及有较大发展,公民科学素质要达到主要发达国家 20 世纪 80 年代末的水平;到 2020 年,达到主要发达国家 21 世纪初的水平。2016 年3 月,国务院办公厅印发的《全民科学素质行动计划纲要实施方案(2016—2020 年)》提出,到 2020 年我国全民科学素质工作的目标是:科技教育、传播与普及长足发展,建成适应创新型国家建设需求的现代公民科学素质组织实施、基础设施、条件保障、监测评估等体系,公民科学素质建设的公共服务能力显著增强,公民具备科学素质的比例由 2015 年的 6.20% 提升到10% 以上。这些法律、纲要的颁布实施必将促进我国科普工作的蓬勃开展。2021 年 1 月 26 日,中国科协发布了第十一次中国公民科学素质抽样调查结果。调查显示,2020 年公民具备科学素质的比例达到 10.56%,完成了"十三五"提出的目标任务。

二、支持和鼓励科技工作者积极从事科普创作

科技创新和科学普及是科技工作的两个重要方面。因此,科技工作者除了从事科技创新,还要搞科学普及。科学普及是科技工作者的责任和义务,科普工作不仅仅是几个科普专家的事,还是广大科技人员的事。

早在 20 世纪三四十年代,我国著名的古生物学家杨钟健就曾倡导"科学家每出一篇科学论文,就应该写一篇科普文章

来解释它"。而与杨钟健同时期的老一辈"留洋派"科学家们，接受过西方科学思想的熏陶，也大多支持科普，认为科普应是社会文化的一部分。钱三强同样认为，科学普及是科技工作者的分内之事，这既是建设社会主义现代化的需要，也是自己科学工作的一个组成部分。他赞成把科普成绩作为对科技人员进行考核的内容之一，这样有利于克服"额外负担"的思想。目前科技工作者从事科普创作和活动，绝大多数都是在业余时间进行的，这种责任感和积极性，应该受到珍惜和鼓励。杨振宁曾在2007年撰文指出："鼓励科普是非常重要的事情，事实上这点也可以从别的地方看出来，五六十年以前，没有科学普及这门学问，可是如今，在很多大学里已经设立了科普专科，这就反映了现在社会的发展与科普有极密切的关系。"①但在有些地方不是正确鼓励这种积极性，反而进行挫伤，使业余从事科普创作的同志感到有种压力，这是很不应该的。

　　钱三强在从事繁重的研究和领导工作的同时积极从事科普工作。1954年7月，当世界第一座原子能发电站于苏联首先建成发电之际，钱三强在《中国青年》杂志发表署名文章《人类进入了原子时代》，借以向全国青年系统介绍神秘的原子能知识。"这篇文章引起青年们对原子能的热情向往，并从此对钱

---

① 杨振宁：《鼓励科普是非常重要的事情》，《科普研究》，2007年第1期。

三强与原子能的关系留下记忆。"①1955年中共中央决定发展原子能事业，普及原子能知识。钱三强身体力行，在北京西皇城根干部学校礼堂做了原子能科学技术首场讲演。作为听众的竺可桢在其日记中给予高度评价："听钱三强讲原子能，听众极为拥挤，直至五点半始散。演讲极为成功。"②随后一段时间，钱三强亲往部队、学校、机关、工厂做了多场讲演。他的讲稿经过何祚庥、秦浩、汪蓉加以整理，用《原子能通俗讲话》作书名出版，发行计20万册。"根据统计材料，包括钱三强和其他科学家在各地所作的原子能通俗讲座，共进行了132场，听众达16万人之多。"③在钱三强等人的大力推动下，从1955年下半年起，全国出现了"认识原子能，发展原子能"的热潮。

1978年，为了推进我国四个现代化建设，党中央号召认真学习现代科学知识，又是钱三强首先给中央领导同志讲课。钱三强经常写一些科普文章，发表一些意见，总结他的科学思想，科学实践，系统地介绍原子核科学知识，使读者学到了许多科学思想和科学方法，从中得到启发。仅在他去世的前一年（1991），有关科学普及见诸年谱的活动就有：1月12日，和钱临照同车前往国家民委出席"当代中国科技英才丛书"首发式；

① 葛能全：《钱三强年谱长编》，北京：科学出版社，2013年，第238页。
② 竺可桢：《竺可桢日记（1950—1956）》，北京：科学出版社，1989年，第525页。
③ 葛能全：《魂牵梦系原子梦——钱三强传》，北京：中国科学技术出版社，2013年，第276页。

2月3日，主持中国科学技术讲师团年会，并在会上发表讲话，强调向全社会普及科学技术知识的重要性、迫切性；6月30日，应中共中央办公厅调研室约稿，几经修改完成《世界高新技术的发展及其对我国的挑战的几点认识》一文；8月19日，应约在《新闻出版报》"科学家谈科技出版"专栏发表文章《当前需要科技书刊出版有个大发展》。文中提出建议：做好科学普及与科技宣传工作，增强全民族的科技意识。钱三强撰写的著名科普书《重原子核三分裂与四分裂的发现》还获得第三届全国优秀科普图书荣誉奖。

钱三强指出，应加大科普工作的力度、广度和深度，科普创作是"主力军"，大有可为。我们不能把科普创作当作可有可无的"副业"，更不能视科普作品为"小儿科"、"雕虫小技"或"点缀的盆花"。我国公众被认定具有科学素养的人群，离发达国家20%的比例相差甚远。"2009年的一项统计显示，中国研发人员中，参与过科普活动的比例约为56.7%，与发达国家相比参与度较低。其中大多数人承认自己是'被动参与'，中青年科研人员的参与度更低。"①这样的状况显然与我国社会经济发展的需要和加快建设创新型国家的要求不相适应，我国的科普创作任重道远。

① 丁佳：《中国科普的傲慢与偏见》，《科学时报》，2011年11月25日。

三、科技工作者应树立起科普创作的光荣感

科普发端于英国,兴盛于当代,随着全球化的深入发展,科普出现了引人注目的新特点:一方面科技革命席卷全球,新科技、新发明、新知识大量产生;另一方面,新生疾病以及环境和食品安全方面的新问题不时出现,各国国民获取科学知识、改善生活质量、提高健康水平、实现全面发展的愿望十分强烈。科普的作用进一步突出,其地位得到前所未有的提升。发达国家和一些发展中国家普遍将科普工作纳入政府的职责范围。

在钱三强眼中,科普工作是一项崇高而神圣的事业。他认为科学普及工作者同人民教师一样是人类灵魂的工程师,可以影响一个人的命运。"大家可能都有一个体验:当你在中学或大学念书时,如果有老师讲得特别透彻、精彩、深入浅出、引人入胜,往往就能激发和吸引住青年学生对那门课程的特别兴趣,甚至可能成为他后来的发展方向。"①钱三强以自己的亲身体会,指出老师出色的科学普及工作,能影响学生的发展方向。他大学时的老师吴有训,大学毕业后开始做研究工作时的老师严济慈,后来丹麦的玻尔和法国的居里夫妇都对他有深刻影响。钱三强举例说,陈景润研究哥德巴赫猜想就因为受他的中

---

① 钱三强:《徜徉原子空间》,天津:百花文艺出版社,1999年,第233—234页。

学老师沈元启发,陈景润一辈子研究"1+1"等于什么。

通俗生动的科普读物,不但可以培养青少年对科学的兴趣,启发人的思维,而且可以收到很好的社会效益,弥补学校教育的不足。竺可桢晚年写出了《中国近五千年来气候变迁的初步研究》,将雅俗共赏、文理交融的科普风格推到了极致,"文中引证中国古代文献达数十处之多,以致这篇学术论文不仅在中国最高科学期刊《中国科学》发表,而且以德、英、法、俄、阿拉伯文刊于《中国建设》,又以日文在《人民中国》刊出,并在《人民日报》以巨幅版面登载"[①]。20世纪60年代,茅以升的科普作品《桥话》在《人民日报》发表后受到了毛泽东同志的称赞,一时传为佳话。

国内外许多著名的科学家如爱迪生、爱因斯坦、萨根、华罗庚等也是从小爱读科普著作,后来才走上科学道路的。爱因斯坦被称为继牛顿后最伟大的科学家,除了卓越的科学成就和可贵的思想品质,他还具有一种深入浅出、简明清晰的科普才能。萨根既是非常成功的科学家,又是非常成功的科普作家(这是我们这里的措辞,在西方勉强可以对应的也许就是"科学作家"——science writer),被称为"大众天文学家"和"公众科学家"。他曾参与过"水手9号"、"先驱者"系列、"旅行者"系列等著名的美国宇宙飞船探索计划。

---

① 朱亚宗:《科学家的人文素养:品位与创新》,《湖湘论坛》,2010年第1期。

萨根即使在参与科学研究时,也不忘让研究计划具有某种娱乐功能,例如他和德雷克(Frank Drake)设计了那张著名的"地球人名片"(这是一张镀金的铝质金属牌,上面用图形表示地球在银河系中的方位、太阳和它的九大行星、地球上第一号元素氢的分子结构,以及地球上男人和女人的形象。1972 年 3 月 2 日和 1973 年 4 月 5 日,美国发射的"先驱者 10 号"和"先驱者 11 号"探测器上都携带了这张"名片")。萨根还撰写了一部以 SETI(Search for Extra-Terrestrial Intelligence,即"地外文明探索")为主题的科幻小说《接触》(Contact),因为萨根在科学传播方面的名声,西蒙-舒斯特出版社竟向他预付了 200 万美元的稿费——为一部尚未动笔写的小说预付如此惊人的稿费,在当时实属空前之举。[1] 爱因斯坦说过:"由于读了通俗的科学书籍,我很快就相信,《圣经》里的故事有许多不可能是真实的。"[2]由此可见科学普及作用之大! 当前,我国建设创新型国家,提高全民科技素养尤其需要更多像爱因斯坦、萨根这样既是科学家,又是科普作家的复合型人才。

---

[1] 江晓原:《看! 科学主义》,上海:上海交通大学出版社,2007 年,第 59—60 页。

[2] 许良英、范岱年编译:《爱因斯坦文集》,第一卷,北京:商务印书馆,1976 年,第 2 页。

四、采取灵活多样的形式开展科普活动

钱三强认为，要使科学普及收到好的效果，就要根据不同的对象，利用不同的条件，采取不同的形式开展科学技术知识的普及活动。科普创作和文艺创作一样，也要贯彻"百花齐放、百家争鸣"的方针，做到生动活泼。他进一步指出，无论采取什么形式，作为科普创作，最基本的一条就是要给人以科学的知识，说话让人懂。

钱三强结合自己的科普经历举例说："我们科普团到中学，中学生爱好广泛，愿意听也比较欢迎。到了成人里边那就不一定。你讲的要和需求结合起来。要有层次，不同的人群要讲不同的东西，不同的内容。我讲航空，给飞行员讲，给小学生讲。不同的人群不同的需求，内容就要不一样。搞科普的人也要有不同的层次，科普也需要多样化，有多样化才能够把科普做好。这就是人才问题。"

诚然，科普工作要增强它的吸引力、凝聚力，引起公众的兴趣是不容易的。传统的方式要有，属于灌输性质的科普报告、讲座、报告团等等也非常需要。在这个基础上，我们还要去开发公众喜闻乐见的其他方式方法，来达到科普工作的目的。科普工作是长期性的，涉及领域很宽，工作量很大。要开展群众性、经常性的科普活动，比如"三下乡"，比如科技周，比如科普

日。国外的一些做法对我们有很好的借鉴作用。许多国家十分重视自然科学类博物馆在公众科普中的作用,特别是新兴的互动式科技馆或科学中心的作用。这些场馆注重展品设计的互动性,广泛采用美术设计、卡通设计,发挥声像效果,利用多种计算机屏幕吸引观众,将引起公众尤其是青少年对科学的兴趣放在科技馆展品设计的首位。努力为公众创造一种在轻松的环境中自由接触科技、参与科技活动的条件,从而引起广大公众,特别是青少年对科技馆展览和展品的喜爱,激发他们学科学用科学的兴趣。

附　钱三强科普著作目录

1.《中国近代科学概况》,《科学通报》,1953 年第 7 期;

2.《向苏联学习,更有效地为祖国服务》,《中国青年》,1953 年第 21 期;

3.《对苏联物理学的认识和体会》,《物理通报》,1954 年第 1 期;

4.《人类进入了原子能时代》,《中国青年》,1954 年第 16 期;

5.《原子能通俗讲话》(本文是钱三强先生 1955 年在北京对一些科学家所做的原子能通俗讲话,由何祚庥、秦浩与汪容

同志整理,钱三强定稿),载《钱三强科普著作选集》,上海教育出版社,1990 年版;

6.《为什么我们要反对使用原子武器》,《中国青年》,1955年第 4 期;

7.《苏联的榜样指出只有社会主义制度才能保证科学事业的迅速高涨》,《科学通报》,1957 年第 21 期;

8.《我国原子能的和平利用正在大踏步迈进》,《物理学报》,1959 年第 12 期;

9.《悼念杰出的苏联原子能科学家库尔恰托夫院士》,《科学通报》,1960 年第 5 期;

10.《毛主席指引我们不断攀登科学技术高峰——1976 年12 月 26 日在中央人民广播电台广播讲话》,《高能物理》,1977年第 1 期;

11.《加强基础理论研究也是一项战略措施——一九七七年十月六日在理论物理规划座谈会上的发言(摘要)》,载 1977 年10 月 7 日《全国自然科学规划会议简报》第 10 期;

12.《迎接科学的春天》,《自然杂志》,1978 年创刊号;

13.《重视应用科学 加强基础研究——谈谈实现科学技术现代化的几个问题》,《北京科技报》,1978 年 12 月 29 日;

14.《同青年科学爱好者谈心》,《南方日报》,1979 年 1 月8 日;

15.《浅谈学习与创新》,《体育报》,1979 年 2 月 2 日;

16.《我国现代科学技术的组织者、领导者——缅怀周总理对我国科技事业的关怀和对科技工作者的教诲》,《人民日报》,1979 年 3 月 10 日;

17.《发展科学技术是发展国民经济的重要环节》,《世界经济》,1979 年第 6 期;

18.《蛄螂的启发》,《中国青年报》,1979 年 7 月 12 日;

19.《同心同德搞好教学和科研》,《人民教育》,1979 年第 8 期;

20.《谈谈科学普及工作》,《科普创作》,1979 年 8 月试刊第 1 期;

21.《解放思想,发扬创新精神》,1979 年 7 月在第一次全国科学学术讨论会上的讲话(摘要),载《科学管理(试刊)》,1979 年第 3、4 期合刊;

22.《让科学春天的花朵开得更加绚丽》,《我们爱科学》,1979 年第 9 期;

23.《既能动脑又能动手》,《中国青年报》,1979 年 10 月 4 日;

24.《自然科学必须以辩证唯物主义为指导——1979 年 10 月在微观物理思想史讨论会上的讲话》,《自然辩证法通讯》,1979 年创刊号;

25.《大家都来重视和关心图书情报工作》,《图书情报工作》,1980 年第 1 期;

26.《温故而知新——1980 年 2 月 28 日在第一次核学会大会闭幕式的讲话(摘要)》,载《中国核学会第一次全国代表大会主要文件汇编》;

27.《科学技术发展简况》,节选自 1980 年 7 月 20 日向中共中央书记处和国务院领导同志的讲话稿《科学技术发展的简况》(由钱三强、仓孝和、许良英、李佩珊、杜石然合写);

28.《广州粒子物理理论讨论会论文集前言》,载 1980 年广州粒子物理理论研讨会论文集;

29.《图书情报工作必须现代化》,《图书情报工作》,1981年第 3 期;

30.《谈谈科学学和科研管理》,《自然辩证法通讯》,1982年第 1 期;

31.《凡事预则立》,《科学学与科学技术管理》,1982 年第 1 期;

32.《掌握科研管理的客观规律　建立中国特色的管理科学》,《科研管理》,1982 年第 1 期;

33.《不可忽视从科学技术史中吸取营养——推荐〈简明科学技术史话〉》,《光明日报》,1982 年 3 月 6 日;

34.《我对吴有训、叶企孙、萨本栋先生的点滴回忆》,《物理》,1982 年第 8 期;

35.《面向经济建设　面向生产实际》,《科学报》,1982 年11 月 11 日;

36.《忆我尊敬的长者——郭老》,《光明日报》,1982 年 11 月 17 日;

37.《搞科研要有经济观点　搞经济要有科学眼光》,《人民日报》和《光明日报》,1982 年 11 月 23 日;

38.《寄厚望于青年——1982 年全国科学奖励大会后接待〈中国青年报〉记者时的谈话》,《中国青年报》,1982 年 11 月 27 日;

39.《依靠我国自己的力量培养人才——在中国科学院数学、物理学学位工作座谈会上的讲话》,《科学报》,1982 年第 479 期;

40.《科学工作者要为现代化建设做出新贡献》,《自然辩证法通讯》,1982 年第 6 期;

41.《科技工作者要关心国家的经济振兴》,《科学学与科学技术管理》,1983 年第 1 期;

42.《科技队伍建设的一个重要问题》,《人民日报》,1983 年 5 月 12 日;

43.《科技工作者的知识领导人——回顾聂荣臻同志领导科技工作的成功经验》,本文是钱三强 1983 年 6 月应《光明日报》出版社之约写稿,载于《聂荣臻同志和科技工作》一书中,光明日报出版社,1984 年版;

44.《要重视物理实验课》,《中学生数理化》,1983 年第 7 期;

45.《走我们自己培养人才的道路》,《学位与研究生教育》,1984 年第 2 期;

46.《国外科技考察随感——到法国和比利时考察后的一些体会》,载《科坛漫话》,知识出版社,1984 年版;

47.《漫谈科学实验的重要性》,载《科坛漫话》,知识出版社,1984 年版;

48.《她在崎岖的道路上奋进——为〈居里夫人〉再版写的序》,载《科坛漫话》,知识出版社,1984 年版;

49.《关于办好学术刊物的几点意见——1978 年 1 月在中国科学院自然科学期刊工作座谈会上的发言摘要》,载《科坛漫话》,知识出版社,1984 年版;

50.《由干部职称工作想到的——1982 年 12 月 23 日在中国科学院科技干部职称工作会议上的讲话(摘要)》,载《科坛漫话》,知识出版社,1984 年版;

51.《原子能发现史话》(本文系钱三强先生与何泽慧先生合作撰写),载《科坛漫话》,知识出版社,1984 年版;

52.《"人生能有几次搏"——一九八二年二月二十二日在中国科学院工作讨论会议上的发言》,载《科坛漫话》,知识出版社,1984 年版;

53.《迎接我国科学学发展的新阶段》,《科学学研究》,1985 年第 3 期;

54.《迎接交叉科学的新时代》,《光明日报》,1985 年 5 月

17 日；

55.《难忘的教诲　由衷的感谢》,《中国教育报》,1985 年 9 月 9 日；

56.《第二次拼搏》,《中国科技报》,1986 年 1 月 24 日；

57.《在全国软科学研究工作座谈会上的发言》,《中国软科学》,1986 年第 2 期；

58.《纪念尼尔斯·玻尔 100 周年诞辰》,《物理》,1986 年第 4 期；

59.《推荐〈二十世纪科学技术简史〉》,《人民日报》,1986 年 12 月 22 日；

60.《如何认识和发展交叉科学——答北京日报记者问》,《北京日报》,1987 年 1 月 9 日；

61.《要舍得把一部分优秀人才送到生产部门作为开拓型的企业家》,《中国科学院工作会议简报》,1987 年 3 月 12 日；

62.《缅怀敬爱的叶企孙教授》,《物理》,1987 年第 9 期；

63.《关于引进、消化、吸收、改进的设想》,《科技日报》,1987 年 10 月 30 日；

64.《努力实现我国科技名词术语的统一与规范》,《科技日报》,1987 年 12 月 1 日；

65.《建议大中型企业应提取销售额中更多的资金进行技术开发工作》,《科协情况》,1988 年 3 月 7 日；

66.《纪念核裂变现象发现五十周年》,《核科学与工程》,

1988 年第 4 期;

67.《新中国原子核科学技术事业的领导者》,《红旗》,1988 年第 5 期;

68.《在全社会发扬科学精神、提倡科学道德、讲求科学方法》,《科技日报》,1988 年 6 月 8 日;

69.《缅怀郭院长对中国科学事业、世界和平运动做出的重要贡献》,《科学报》,1988 年 6 月 10 日;

70.《弘扬求是校风　树立创新精神》,《浙江大学》,1988 年 6 月 15 日;

71.《中国科学院和我国原子核科学技术》,《中国科学院院刊》,1989 年第 3 期;

72.《中国科学院物理学和核科学四十年》(本文系钱三强与马大猷合作撰写),《中国科学院院刊》,1989 年第 4 期;

73.《新中国原子核科学技术发展简史》(本文系钱三强与朱洪元合作撰写),载《钱三强科普著作选集》,上海教育出版社,1990 年版;

74.《筹建科学院前后我参与的一些事情》,《中国科学院院刊》,1991 年第 1 期;

75.《开垦物理学发展史这块宝地》,《现代物理知识》,1993 年第 3 期;

76.《漫谈科学实验的重要性》,载《钱三强文选》,浙江科学技术出版社,1994 年版;

77.《我与周培源老师的几件事》,载《徜徉原子空间》,百花文艺出版社,2000年版;

78.《科学学的研究对象和内容》,载《徜徉原子空间》,百花文艺出版社,2000年版;

79.《加强科学预测和评论》,载《徜徉原子空间》,百花文艺出版社,2000年版;

80.《我和居里实验室》,载《徜徉原子空间》,百花文艺出版社,2000年版;

81.《科学发现的故事》,载《徜徉原子空间》,百花文艺出版社,2000年版;

82.《科学发现的启示》,载《徜徉原子空间》,百花文艺出版社,2000年版;

83.《四十年后的回顾》,载《徜徉原子空间》,百花文艺出版社,2000年版。

第七章　钱三强的系统科技价值观

　　一个民族想要站在科学的最高峰，就一刻也不能没有理论思维……自然科学家自己感觉到……纷扰和混乱如何厉害地统治着他们……除了以这种或那种形式从形而上学的思维复归到辩证的思维，在这里没有其他任何出路，没有达到思想清晰的任何可能。这种复归可以通过各种不同的道路达到。它可以仅仅由于自然科学的发现本身所具有的力量而自然地实现……但这是一个比较长期、比较缓慢的过程，在这个过程中有大批多余的阻碍需要克服……如果理论自然科学家愿意从历史地存在的形态中仔细研究辩证哲学，那么这一过程就可以大大地缩短。

——恩格斯

迄今为止，关于钱三强科技思想的研究还几乎未曾触及其科技价值思想，更遑论关于钱三强科技价值观的系统深入述评。这不仅是钱三强研究中的一个缺失环节，也是中国科技价值观研究中一个亟待加强的薄弱环节。钱三强的科技价值观构成一个全面而深入的体系，具体来说，它包含技术操作、技术原理、科学规律与科学哲学四个层次。这四个层次基本囊括了肯定性科技价值观的各个方面。

一、重视经验性技术操作并自制设备

钱三强虽是科学巨匠，却绝无排斥与疏远经验性技术操作的思想。相反，他极其尊重技术创造，将之视为从事科学技术活动必不可少的一环。更为难得的是，钱三强善于自己动手制作实验仪器设备，这得益于他在清华大学时受到的教育，特别是吴有训先生鼓励学生要敢于动手的教育。

1935 年，吴有训在清华大学首次开设"实验技术"选修课，钱三强积极报名参加。课堂上吴有训手把手地教给学生掌握烧玻璃的火候和吹玻璃技术的关键所在，并随时指出他们的缺点，让钱三强受益匪浅。钱三强后来的本科毕业论文就是吴有训指导的，内容是做一个真空系统，研究实验金属钠对改善真空程度的影响。钱三强后来撰写文章回忆清华大学几位老师时谈道："四年级时，除了几堂必修课外，我们主要精力都用在毕业论文上了。从先生（指吴有训——笔者注）制定题目，参阅文献，设计实验，制造设备，进行实验到写作论文是研究工作一个全过程，与今天大学生进行的硕士论文差不多，这种训练对学生毕业后进行科学技术工作大有好处。"①

从这里可以看出，钱三强在本科准备毕业论文阶段，就接受了设计实验、制造设备的训练，正是这种技术操作层面的训练为他以后开展科学研究奠定了良好的基础。约里奥-居里夫妇指导钱三强博士论文的第一项工作，就是用云室研究 α 粒子与质子的碰撞。由于一般云室有效灵敏时间短，工作效率低，约里奥-居里正在制作一个灵敏时间长的云室。他决定让钱三强参加这项工作。钱三强接受任务后，正好用上曾在清华大学上实验课时学到的技术和在北平研究院做过光谱分析的知识，还经常到巴黎近郊的工厂同金工师傅进行合作。这样用了一年左右时间，完成了一个新的云室，其有效灵敏时间达到 0.3—0.5 秒。

钱三强还根据老师的要求，制作了一个可以自动卷片的照相系统。对此，约里奥-居里感到十分满意，同事们也给予好评。钱三强自己也不无自豪地表示："一九三七年我到法国做原子核物理研究，由于在清华大学时学过吹玻璃技术和选修过'金工实习'课，所以对简单的实验设备和放射化学用的玻璃仪

① 钱三强：《徜徉原子空间》，天津：百花文艺出版社，1999 年，第 50 页。

器一般的都能自己动手做,比什么都求人方便得多。一九四八年回国,我也同样鼓励青年同志要敢于动手自己做仪器设备,这对他们后来成长大有好处。"①

钱三强在居里实验室学习工作期间,考虑到回国后开展科研的实际情况,抱着多学一点实际本领的目的,除了自己的本职工作,一有机会就帮别人干活,增加了不少技术操作层面的知识和技能。值得一提的是,考虑到将来回国从事科研的实际情况,他还跨越专业拜师掌握了制备放射源的技能。这些实际操作技能在以后的工作中都派上了用场。"二战"结束后,英法之间恢复了科学交流,钱三强作为最早派出的互访学者之一到英国布里斯托大学向鲍威尔学习原子核乳胶技术,并且顺利地学会了研制和应用该技术。钱三强后来选择用原子核乳胶取代云室作探测器,在发现重核原子三分裂与四分裂现象中起到了重要作用。

回国后,由于实验仪器极其匮乏,钱三强和夫人何泽慧还从旧货店和废品收购站中寻找可以利用的旧五金器材、旧电子元器件,一起动手制作了开展研究急需的仪器设备。这些自己动手制造的仪器设备在后来的工作中发挥了重要作用。1955年1月,钱三强在中央书记处扩大会议上向毛泽东等中央领导人做了探测铀矿石放射性的演示,所用到的盖革计数器就是他

---

① 钱三强:《徜徉原子空间》,天津:百花文艺出版社,1999年,第48页。

亲自制作的。

导师吴有训引导钱三强重视技术操作的经历一直令他难以忘怀。四十余年后，钱三强在参观"全国青少年科技作品展览"时还谈到了这种训练带来的便利，强调了技术操作的重要性。他指出："我们绝不可忽视青少年自己动动手做个模型、搞个实验之类的科技制作活动，应该看到这也是一种基本功，是将来从事科学活动必不可少的，有没有这方面的锻炼，会不会动手，是大不一样的。我自己就有这样的体会。记得在学生时代，在老师指导下我曾经做过吹玻璃的实验，懂得一点吹制玻璃仪器的知识和技能，后来在国外从事科学研究，实验过程中经常要各式各样的玻璃仪器，我就不必为这个去跑工厂订制，而是自己进行吹制。这样，既方便研究工作，又能丰富实践知识。现代科学技术的发展，愈来愈要求动脑与动手相结合，理论与实践相结合。"①

二、追求深层技术原理的自觉精神

技术原理到目前还是一个有争议的概念，我们在这里把它定义为是关于客体内部功能过程及其内在规律的理论描述。钱三强是富有彻底探索精神的科学家，因此决不满足于仅仅对

① 钱三强：《科坛漫话》，北京：知识出版社，1984年，第258—259页。

技术操作进行唯象描述。钱三强具有追求深层技术原理的自觉精神,而产生这种精神的更深刻的思想根源则是钱三强对超出技术操作层次的技术原理层次的价值的肯定。难能可贵的是,钱三强眼中的技术不仅仅是技术原理,还拓展到工程技术知识。

很多追忆钱三强的文献,都提到他作为实验物理学家却能十分重视理论工作这一特点。然而,很少有人提到,钱三强曾一再强调实验物理领域中物理和工程技术相结合的重要性。这是他在实践中,尤其是考察了列宁格勒的物理工程研究所成功地培养了大量近代物理工作者的情况后得出的重要结论。他反复告诫学生,现代物理已不是那种凭几块黄蜡或几面镜子就能做实验的物理。物理工作者必须具备现代工程技术知识。正是在钱三强这种思想的指导下,建立了清华大学工程物理系和中国科学技术大学。从这些摇篮里,整整一代科学工作者成长起来了。我国的尖端科技脱离了早期的"手工业"方式,达到了高度现代化。①

钱三强认为,为了加速实现我国的四个现代化,需要从国外引进先进技术和设备。而要很好地掌握和消化国外的先进技术,必须深入探究其技术原理,并加以创新。如果我们真正把劲头用到技术原理的攻关上,就会大大促进国民经济的发

---

① 杨桢:《纪念钱三强老师》,《现代物理知识》,1994年第4期。

展。如北京维尼纶厂从日本引进了成套技术设备，经过消化"原其理"，并在此基础上加以改造，最后搞出的成绩超过原来的设计。钱三强觉得这样的路子才是对头的，值得大力提倡。

无独有偶，罗马尼亚在发展计算机技术方面的成功经验也常为钱三强所津津乐道。比较之下，20世纪50年代我国从苏联引进一批工业设施，当时有一些工业部门没有组织研究、消化、吸收，而是搞测绘，搞翻版。当然，在当时起了一定的积极作用，但也带来了一些消极的后果，即造成了我们一些部门不够懂得怎样发展自己的技术。①

我国很多部门热衷于引进国外的成套设备和生产线，但是消化吸收和二次创新能力明显不足。"据了解，目前我国国有企业引进国外技术资源的依赖程度比较高，在关键技术上的自给率低，对外技术依存度在50%以上（发达国家平均在30%以下，美国和日本在5%左右），高科技含量的关键装备基本上依赖进口。可以说，近年来，我国每年形成固定资产的上万亿设备投资中，60%以上是引进的。而且引进技术的结构极不合理……有资料显示，中国大中型国有工业企业技术引进经费总额和消化吸收经费两项费用的比例是1：0.06。而韩国、日本企业引进技术和消化吸收的比例则达到1：5到1：8。目前国企的技术创新掉入了两个怪圈：引进—落后—再引进—再落

---

① 钱三强：《科坛漫话》，北京：知识出版社，1984年，第144页。

后;能力越弱越依赖,越依赖能力越弱。"①这样做无疑会影响国家的长远利益。为此,钱三强早在 1978 年就深谋远虑地指出:"我们学习外国,不只是一般地学习人家的技巧、办法,而且还要搞清楚为什么他要研究这个问题? 他们是怎样来研究这个问题的? 是以什么理论、观点为基础的? 经过分析,形成我们自己的一套看法,同我们自己的工作结合起来。"②技术创新的真正意义和实际价值,在于创新成果的有效扩散。这样才能形成新的产业,推动产业结构升级和经济水平提高。

三、从自然现象层次到自然规律层次

恰如钱三强善于从技术操作层次深入到技术原理层次一样,钱三强也喜爱从自然现象层次追溯自然规律层次。而在钱三强全方位的科技价值系统中,科学规律层次的价值(也即纯粹科学理性的价值)占据最突出的地位。可以说,作为钱三强终生科技事业标志的部分,就是其纯粹科学理性价值观指导下所发现的一系列科学现象及其内在规律。

以三分裂的发现为例,1946 年,在英国剑桥举行的国际基

---

① 王红茹:《中国科技人数全球第一　七成国企却无研发机构》,《中国经济周刊》,2006 年第 4 期。
② 钱三强:《科坛漫话》,北京:知识出版社,1984 年,第 160 页。

本粒子和低温会议上，英国年轻的博士生格林和李弗西投影了他们在贯彻裂变碎片时记录到的一张呈三叉形状径迹的照片。虽然他们最早看到了三叉径迹，但由于两人经验不足，或许又受到导师费瑟（N.Feather）先入之见的影响，他们认为第三个碎片是 α 粒子，裂变还是一分为二，而 α 粒子是在两个碎片分开后很短时间内从一个碎片发射出来的。英国物理学家费瑟称之为"二次发射"（Secondary Emission），并且，把发生的概率很小的原因解释为：只有当一个碎片具有 α-不稳定性（在基态时会是 α 放射性的那种原子核）时才会发射，而这只能是原子序数 $Z = 60$ 左右的碎片。以上观点，费瑟曾在后来的一篇文章（刊载于 1947 年 5 月英国《自然》杂志）中做了阐述。[①]

这张相片引起了钱三强的极大兴趣。他当时就想，这也许是一个分裂成为三个碎片的裂变事件。既然原子核可以一分为二，那又为什么不能一分为三呢？所以他认为这很值得进一步探究。随后，钱三强为了弄清楚究竟是不是真的三分裂，带领实验小组进行了一系列严格而艰苦的实验和分析。他们在用原子核乳胶研究铀核裂变的时候，观察到了一批（几十个）三叉形状的径迹，单单看到了三叉形的径迹本身，并不能说明它们的本质，显然还需要从科学规律层次做出解释。否则，与格

---

① 钱三强：《重原子核三分裂与四分裂的发现》，北京：科学文献出版社，1989 年，第 60 页。

林和李弗西的照片相比,只是径迹数目多了,没有质的突破,就不能算是前进了一步。"为了彻底弄清楚这些裂变事例的本质问题,就不但要数出各种各类型径迹(普通的二分裂径迹、三叉和四叉径迹)的数目,以求得它们出现的频率(概率),而且还要求出每个碎片的发射方向,以及它们各自的能量和质量,最好还能测出它们的电荷(原子序数 Z)。"[①]如何从测量到的三条径迹长度和方向,来求出粒子的能量和质量呢?钱三强依靠的是物理学的基本规律:质量守恒、能量守恒和动量守恒。

经过比较详尽的实验事实和理论分析,钱三强证实了三分裂这一新的原子核裂变方式,并且较好地阐明了这一现象的本质。三分裂和四分裂的发现和证实,在原子核裂变的研究历史上,占有一定的地位。不但揭示了裂变反应的复杂性和多样性,而且提供了研究处在断裂点附近的原子核各种特性的可能性。这一发现历程也充分证明:经常进行大量的常规实验是重要的,但是,做出重大的科学发现还必须有较好的理论基础,有分析、判断的眼光和能力,否则,即使科学发现的机遇已经出现在面前,仍然会把握不住,会让它从自己的手指缝里溜走。这也是为什么钱三强反复强调要重视基础科学研究,多掌握一些科学规律并善于运用,有更多的科学储备的原因吧。

[①] 钱三强:《重原子核三分裂与四分裂的发现》,北京:科学文献出版社,1989年,第62页。

四、自觉把哲学运用于科学研究

朱亚宗教授曾赋诗提到哲学思维在钱三强科学探索中的重要作用，"留法十年载誉归，惊爆大漠国生辉。问君何以达霄汉？心有哲思引翼飞。"钱三强既是原子物理学界杰出的科学家，又是开拓中国原子能事业乃至整个科技事业的运筹帷幄的帅才。他早年在原子核科学方面的重大发现，在专业领域之外鲜为人知，今天更少有人关注和提及。但是引领他和夫人何泽慧院士发现原子核三分裂与四分裂的哲学思维及科学方法，可以为科学界提供永恒的启示。

钱三强是少数既有重大科学发现，又能探讨哲学问题的自然科学家。钱三强的科学系统价值观不仅促使他在科学规律层次不倦探索，而且激励他在科学哲学层次深入思考。钱三强在长期的科学研究中的一个突出特点便是自觉把哲学尤其是科学哲学思想运用于自然科学的研究中，并时常对自己的科研成果进行哲学的反思和概括，从而产生出诸多的科学哲学思想。强调科学研究要以辩证唯物主义为指导是钱三强科学哲学思想中的一大特色。

英国有一位资深的权威科学家费瑟，早年是科学大师卢瑟福的学生，正是费瑟的两位博士生格林与李弗西，在1946年7月的剑桥学术会议上公布了引发钱三强产生三分裂灵感的照片。此后钱三强通过深入的理论分析与严谨的科学实验,向国际科学界宣布了重原子核受中子轰击有可能产生三分裂与四分裂现象。费瑟的两位学生格林与李弗西得知这一突破性成果后十分感兴趣,立即访问了钱三强的实验室,钱三强与何泽慧毫无保留地与他们进行了交流。钱三强后来回忆说,"英国人看了我们的资料,感到很惊讶,我们把自己所做实验的各种细节,径迹的测量、分析和回归计算方法,都原原本本详细地告诉了他们,回到英国之后,他们又做了实验,找到了更多的三分裂径迹,只是没有看到四分裂,他们的结果公布于1947年3月的英国《自然》杂志上,不过他们仍认为第三个粒子是 α 粒子。"①

　　格林与李弗西对三分裂与四分裂的拒绝,其实是导师费瑟的观点。"到了60年代,随着新的探测手段——半导体探测器的问世,美国、苏联、波兰等国家7个实验室先后证实第三个裂变碎片正如钱三强报告所描述,确有一质量谱。至此,三分裂(300次裂变中约有一次三分裂)彻底获得物理学界公认,四分裂(上万次裂变中约有一次四分裂)也被完全证实"。② 在原子核物理新的发展形势下,顽固坚持只有二分裂而反对三分裂与四分裂的费瑟教授也不得不放弃先入之见。"1969年,在维也

---

① 钱三强:《重原子核三分裂与四分裂的发现》,北京:科学技术文献出版社,1989年,第70—71页。
② 钱三强:《钱三强文选》,杭州:浙江科学技术出版社,1994年,第372页。

纳举行裂变物理和化学国际会议上,已是满头白发的英国科学家费瑟在回顾原子裂变研究历史时,指着演讲屏幕上的一张照片说:"这个年轻人的结论,是对的。"费瑟指的这个年轻人就是钱三强,照片上的钱三强才三十出头。随后,费瑟在回顾裂变研究的历史讲到,他愿意放弃 22 年前所持的一个观点(即认为第三个径迹是 α 粒子),同意关于三分裂机制的解释。[1]

科学巨擘费瑟教授花费 22 年时间,才放弃原子核裂变只有二分裂的先入之见,回归完整的认识:不仅有二分裂,而且有三分裂与四分裂。而年轻的钱三强与何泽慧一开始就沿着正确的方向与轨道,仅用半年时间就突破成见,在原子核裂变研究中做出原创性的重大贡献,二者的鲜明对比发人深省。应该说,二者都有世界级科学平台支撑,也都有深厚的物理学理论素养与高超的实验技能,差距又在哪里呢? 是哲学。

恩格斯早就指出:"一个民族想要站在科学的最高峰,就一刻也不能没有理论思维……自然科学家自己感觉到……纷扰和混乱如何厉害地统治着他们……除了以这种或那种形式从形而上学的思维复归到辩证的思维,在这里没有其他任何出路,没有达到思想清晰的任何可能。这种复归可以通过各种不同的道路达到。它可以仅仅由于自然科学的发现本身所具有的力量而自然地实现……但这是一个比较长期、比较缓慢的过

---

① 陈丹、葛能全:《钱三强传》,北京:中国青年出版社,2017 年,第 92 页。

程,在这个过程中有大批多余的阻碍需要克服……如果理论自然科学家愿意从历史地存在的形态中仔细研究辩证哲学,那么这一过程就可以大大地缩短。"①钱三强在回顾三分裂与四分裂发现的著作中,深入比较了自己的研究与费瑟团队研究的区别,指出自己通过深入细致的实验测量与理论分析,揭示出看似相似的现象背后不同的本质,而费瑟团队的工作浮于表面,难以突破主观的先入之见的束缚。

在深入研究的基础上,钱三强与何泽慧发现了三分裂和四分裂各是二分裂的三百分之一和二万分之一的统计规律。在极其混沌复杂的微观粒子反应中,钱三强和何泽慧主要依托哲学思维与简捷科学方法而获得如此简洁的规律,是进入大数据时代后,面对海量信息的科技工作者值得深思和借鉴的经典工作案例。无独有偶,20 世纪 60 年代中期,J501 计算机只有每秒 5 万次的计算速度,而氢弹理论方案十分复杂。面对难以计算的困难,于敏以高超的理论技巧,将复杂的物理过程化整为零,以深入的质性分析简化计算程序,终于通过计算成功验证氢弹理论方案。

1966 年,在上海华东计算所算题时,大家发觉计算结果不合理,又是于敏通过一个物理量的非正常变化,在浩瀚的大数据中找到问题,并追踪到一个损坏的加法计算元件,使问题获

---

① 恩格斯:《自然辩证法》,北京:人民出版社,1971 年,第 29—30 页。

得迅速解决。当今时代信息技术长足发展，使处理大数据成为可能甚至普适的方法，但是计算机发展面临的一个永恒主题是：以小机器算大问题。计算机速度再快，信息处理能力再强，与人类不断提出的科技与社会新问题相比，永远处在适应与不适应的矛盾之中。高水平的科研人员要向于敏学习，熟练掌握基于基本原理的质性分析方法，使不可计算变为可计算，使复杂可计算变为简明可计算。这启示人们，对事物的特殊矛盾的深入分析和真切见解，永远是从海量信息中挖掘知识和形成智慧最有效的途径之一。信息高速处理技术的优势若能与哲学思维及科学思维的优势相结合，将会如虎添翼，事半功倍。

辩证唯物主义是人类哲学思想发展的优秀成果，是人类经济、政治、文化、科技发展的哲学概括。自然科学研究的对象是自然界的客观存在，科学研究的基本方法是观察和实验。故而自然科学的根本精神是与唯物主义和辩证法相一致的，并由此决定了自然科学家大多是自发的自然科学的唯物主义者和辩证法者。新中国成立后，它为绝大多数自然科学家提供了基本的哲学思维模式，并对某些高水平的科技创新有直接的启示作用。已有无数的科学工作者在辩证唯物主义哲学的指导下做出举世瞩目的科技创新。

中国的钱学森、袁隆平、于敏、杨乐、张广厚，日本的坂田昌一、武谷三男等科学家，均受益于辩证唯物主义哲学的指导。以杨乐、张广厚为例，在20世纪70年代的函数论研究中，西方数学家有"亏值"与"奇异方向"两大研究热点,张广厚在学习《矛盾论》普遍联系的思想时,突然产生一个灵感:函数论中的"亏值"与"奇异方向"两个数学概念之间是否也有某种内在联系呢?在这一宏观哲学思想指引下,杨乐和张广厚果然发现和证明了二者的约束关系,成为当时国际函数论研究领域的重要成就。①

同样,袁隆平的杂交水稻研究就是在辩证唯物主义的指导下获得成功的。他坚持"实践,认识,再实践,再认识"的方法,解决了水稻杂种优势利用问题;运用对立统一观点,扩大加剧杂本亲本核质矛盾获取不育系和保持系,缩小、缓和亲本的核质矛盾获得恢复系,实现三系配套;运用抓住主要矛盾的方法,突破制种关;坚持事物总是不断发展的观点,提出杂交水稻不断发展论和三阶段发展战略。

可以毫不夸张地说,"中国自然科学家几乎都懂得辩证唯物主义的哲学思维模式。但哲学思维水平仍有天壤之别,其关键的差别不在于是否学过或记住一般的概念与规律,而是在于对专业问题理解与思考的深度,以及是否有哲学眼光透过专业问题揭示其内在的基本矛盾,并是否有能力进而解决由基本矛盾决定的专业问题"②。

———————————

① 朱亚宗:《哲学思维:无形而巨大的科技创新资源》,《哲学研究》,2010 年第 9 期。
② 朱亚宗:《科学与人文交叉视野中的学术大师——从〈零篇集存〉看冯端何以成为物理学大师》,《河池学院学报》,2006 年第 6 期。

新中国成立后，在科学家自觉学习和运用马克思主义哲学思潮的指引下，钱三强也如饥似渴地学习《自然辩证法》《矛盾论》《实践论》等马克思主义哲学名著，广泛推动自然辩证法与自然科学研究的结合。他运用辩证唯物主义对红与专、专与博、学习外国与自己独创、理论与实验、科研中的民主与集中等关系都有独到的见解。从钱三强在1978年10月召开的微观物理学思想史讨论会上讲话的标题——《自然科学必须以辩证唯物主义为指导》可以看出，钱三强以精深的学术造诣为基础，对辩证唯物主义的运用已炉火纯青。

钱三强对青年学生提出的"红专矢量论"更是其运用辩证唯物主义开展政治思想工作的创举。1979年7月19日，钱三强在第一次全国"科学学"讨论会上的总结发言中对科学学工作者提出了几个具体问题。其中一点就是希望一少部分同志，"从哲学上对科学学做些基本理论研究工作，要搞马克思主义的科学学，这样我们的科学学就能兴旺发达，不断为四化做出贡献"①。

其实，早在1955年1月15日召开的专门研究发展我国原子能的中共中央书记处扩大会议上，毛泽东凭借其科学主义的兴趣与一分为二的哲理，便将思维伸向理论物理的前沿，向钱三强关于原子的内部结构问题的阐释提出挑战。毛泽东令人

---

① 钱三强：《徜徉原子空间》，天津：百花文艺出版社，1999年，第89页。

惊叹的科学主义兴趣及宏论给当时尚未深入学习辩证唯物主义的钱三强留下了极为深刻的印象,显然也是钱三强后来加强辩证唯物主义学习的一个重要原因。关于这段经历,钱三强在后来撰写的《中国原子核科学发展的片段回忆》中有详细记载:

> "原子核是由中子和质子组成的吗?"
>
> "是这样。"我随口回答。
>
> "那质子、中子又是由什么东西组成的呢?"
>
> 他的问题并不离奇,要回答准确却使我作难。只好照实说:"这个问题正在探索中。根据现在研究的成果,质子、中子是构成原子核的基本粒子。所谓基本粒子,就是最小的,不可再分的。"
>
> 毛泽东略加思考,然后说:"我看不见得。从哲学的观点来看,物质是无限可分的。质子、中子、电子、也应该是可分的,一分为二,对立统一嘛!不过,现在实验条件不具备,将来会证明是可分的。你们信不信?你们不信,反正我信。"
>
> 这是一个预言,是一位政治家的哲学预言。①

事有凑巧。就在同年晚些时候,美国科学家赛格勒(E.G.

---

① 钱三强:《徜徉原子空间》,天津:百花文艺出版社,1999年,第119—120页。

Segre)、恰勃林(O.Chamberlain)发表了他们的研究成果:用具有62亿电子伏能量的质子轰击铜靶,首先发现反质子;同时,发现一种不带电、自旋相反的中子,即反中子。1977年,在夏威夷召开的第7次粒子物理学讨论会上,诺贝尔奖获得者、美国著名物理学家谢尔登·格拉肖鉴于毛泽东生前对自然界深层对立统一的信念与论述,提议将基本粒子候选者的物质命名为"毛粒子":"今天,所剩下的真正的基本粒子的候选者只有夸克和物种不同的轻子,或许将来还会发现更多。我们究竟还要找到多少种夸克和轻子,才能看到有规律性存在的信号,才能觉察还没有想到的更深结构的线索呢?洋葱还有更深一层吗?夸克和轻子是否都有共同的更基本的组成部分呢?许多中国物理学家一直是维护这种观念的。我提议把构成物质的所有这些假设的组成部分命名为'毛粒子'(Maons),以纪念已故毛主席,因为他一贯主张自然界有更深的统一。"①格拉肖的讲话表达了一位科学家对一位有着卓越见解的哲学家的崇高敬意。显然,毛泽东的科学主义猜测不仅是有纯粹思辨的价值,而且作为一种科学哲理可以为东西方许多自然科学家指示进一步探索的思想方向。②

纵观科学史不难发现,科学史上有很多杰出科学家善于从

① 何祚庥:《毛泽东和基本物理学研究》,《自然辩证法研究》,1993年第11期。
② 朱亚宗:《中国科技批评史》,长沙:国防科技大学出版社,1995年,第281页。

哲学层次的宏观定性思考入手,哲学思想常常成为科学探索的路标。量子力学的创始人海森堡曾师从经典物理学大师索末菲。索末菲擅长数学,将相对论引入玻尔原子理论,将原子中的电子轨道计算发展到十分精微的地步。数学非海森堡之长,面对导师如此精微复杂的理论计算,海森堡何以超越?深谙哲学的海森堡从哲学视角审视索末菲的电子轨道理论,敏锐地发现电子轨道无法用宏观实验观察来证实,而整个电子轨道理论的科学解释力十分有限,所以要想发展微观物理学理论,必须从可直接观察的光谱的强度和频率入手。

正是在哲学思想的指引下,海森堡毅然抛弃难以直接用实验验证的电子轨道概念,而采用可观察的光谱强度和频率作为微观物理学的基础概念。这一哲学思维成为通向量子力学的路标,再引入矩阵数学,海森堡终于成为创立量子力学的科学大师。正是在独特的哲学思维的引导下,海森堡按常规起步的研究工作竟使微观物理学产生意想不到的革命性变革。①

---

① 朱亚宗:《哲学思维:无形而巨大的科技创新资源》,《哲学研究》,2010 年第 9 期。

第八章　钱三强的治学风格

　　有志于从事科学研究的人们,不独要摒弃金钱和名誉的追求,把自己的全部精力都用在真理的探索上,牺牲掉许多常人的物质生活上的享受和"幸福",而且有时还要冒生命的危险。布鲁诺由于坚持真理而被烧死,高士其为研究病菌而终生残废,原子核科学的先驱者们身体受到放射性的损害,这是大家所熟知的。

——钱三强

　　作为有世界声誉的核物理学家,钱三强不仅以伟大的科学成就丰富了令人类都能受益的知识宝库,以杰出的科技管理才能促进了祖国原子能科学事业的发展,同时也在治学方面为人们树立了光辉榜样。

一、战略思维、预先谋划

"遍国贤才不断求,知人善任预为谋。顺从需要多方面,组织科研一统筹。""两弹一星功勋奖章"获得者彭桓武这首悼念钱三强的诗既生动概括了钱三强对我国原子能事业的巨大贡献,也指出了钱三强科学探索的一个鲜明风格——"预为谋"。纵观钱三强科学人生特别是新中国成立后参与科学组织管理的历程,不难发现,他开展科学探索和组织领导科研工作的一个重要风格就是重视"预为谋",即事先的计划与准备。他总是基于世界科技发展趋势与前沿,谋事于先。

钱三强在 1980 年召开的我国第一次核学大会闭幕式上的讲话中总结到:"无论做什么事情,有事先的计划和准备,就能成功;如果没有事先的计划和准备,就要失败。科学研究对工业生产来说就有个'预'的关系。并且越往 2000 年发展,各个核国家的水平差距越来越小,那时掌握多一点规律,谁就领先,也就是科学储备越来越显得重要。总之,早做科学储备,总比临渴挖井好"[1];"图书情报和仪器装备是科学研究的两张翅膀。现在,我要再加上一尾翼,那就是科学预测和科学评论。

---

[1] 钱三强:《科坛漫话》,北京:知识出版社,1984 年,第 254 页。

有了这个尾翼,科学大鸟才不致偏离正确的方向"①。这些关于科学预先研究的真知灼见,对当前我国提高自主创新能力,建设创新型国家依然具有重要的指导借鉴意义。

古人说"凡事预则立,不预则废",钱三强多次强调,发展科学、技术和对待科技人才都要有"预则立"的眼光。② 中国原子能事业从无到有,从小到大,不断创造奇迹的历程很大程度受惠于钱三强这位开拓者预则立的远见卓识。

1937年,钱三强抱着"科学救国"的理想留学法国。翌年,约里奥-居里夫妇指导钱三强博士论文的第一项工作,就是用云室研究 α 粒子与质子的碰撞。钱三强用了大约一年的时间,造出了一个新的云室。同时,他还根据导师的要求,制作了一个可以自动卷片的照相系统。钱三强考虑到将来回国后科技人员少,什么都需要自己动手,因此注重在留学中提高自己的综合素质。他甚至向导师约里奥夫人提出需要了解超出本专业之外的制作放射源的知识。约里奥夫人感到意外,不明白为什么钱三强对化学实验室的工作有兴趣。因为别的国家的留学生没有人提出过这种要求,他们在物理实验室不关心化学实验室的事,而且也很少想到将来回国以后的事。钱三强的解释也体现了"预为谋"的眼光:"这不是个人感兴趣的问题,将来回

---

① 钱三强:《徜徉原子空间》,天津:百花文艺出版社,1999年,第93页。
② 钱三强:《凡事预则立》,《科学与科学技术管理》,1982年第1期。

国后非常困难,放射源也得自己做,假如国内有点铀矿,自己就可以动手分析了。"

　　导师被钱三强的这种爱国精神所感动,对此很赞赏和支持,就把他介绍给放射化学师郭黛勒夫人,让他帮助做一些放射化学的工作,并学会了制备放射源。身处异国的钱三强,时刻不忘学成报国的目的,尽可能多地学习一些知识和技能,充实自己。他通过多种课题的研究,掌握了多种探测技术、实验技巧和理论分析能力,为回国后从事原子能研究奠定了坚实的基础。① 1955 年,在研究发展我国原子能的中共中央书记处扩大会议上,钱三强汇报几个主要国家原子能发展的概况和我国近几年做的工作时,就是把带去的自己制造的盖革计数器进行现场演示,提高了汇报效果,加深了领导人的直观印象。

　　钱三强回国之时,国内虽然有北平研究院原子学研究所、中央研究院物理研究所原子核物理实验室,但科研人员加在一起不足 10 人,连一台小型加速器都没有,不具备开展核物理科研工作的条件,核科学技术几乎是一片空白。建国初期,我国科学技术在不少领域远远落后于西方。但是在理论物理方面,特别是在核物理理论方面,与发达国家的差距有了较大幅度的缩小。除了国家高度重视的因素,应当说我国科学家们及早抓

---

① 申先甲:《中国现代物理学史略》,福州:福建科学技术出版社,2002 年,第 213—214 页。

了人才队伍建设和科学组织建设,做了必要的科学储备,这是很重要的一条。其中,钱三强很早就预见了中国要发展原子能。

1948 年底,清华园首先获得了解放。那时清华大学的学生大多数不安心于物理学的学习,或者要求转系,或者要求从事革命工作。当时党中央的方针是,凡是理工学系的同学,一个也不准动。为做好学生的思想工作,于是请了系主任钱三强教授,其他老师们来和同学们座谈。当时在清华大学学习的何祚庥后来动情地回忆道:钱三强等老师除了讲到物理学是如何的有用,更重要的是谈到中国的大好革命形势和中国建设的光明前途,在谈到这些激动人心的事情时,钱三强激动起来,慷慨激昂地说:"要知道,中共是人民政府。一个人民政府,如果是为人民谋利益的,对人民负责的政府,那么我认为就必然会发展原子能。到了那个时候,不要说你们班上这些数目有限的学生,那就再加 10 倍也不够!"①

作为有卓越前瞻力的战略科学家,钱三强同时十分重视物理领域的组织机构建设、实验器材准备和基础研究预研,为学科发展提供长远规划,以便为今后发展提供后劲。值得一提的是,作为一位实验物理学家,他自始至终十分重视理论研究工作。近代物理研究所创建初期,全所科研组织暂分为理论物理

①　钱三强:《徜徉原子空间》,天津:百花文艺出版社,1999 年,第 274 页。

组、云室及照相版组、计数器电子学组、放射化学组，其中就有理论物理组，分工由彭桓武、朱洪元领导，开展关于原子核物理理论以及粒子物理理论的研究，同时注意反应堆、同位素分离、受控热核反应等应用性理论问题。

　　1948 年，钱三强回国之时，国内从事核物理研究方面的人才屈指可数，然而即便这样的寥寥几人却分布在数个单位，科学家只能进行散兵游勇似的研究，彼此互不往来。具有在国外著名实验室开展多年研究经验的钱三强意识到这种格局显然不能支撑我国原子能科学的长足发展。因此，他首先想到应尽快把国内为数不多的核物理人才聚集起来，并尽力获得一些财力方面的支持共同开展核物理研究。为此他先后登门拜访当时清华大学校长梅贻琦、北京大学校长胡适和北平研究院副院长李书华。然而，在当时国势之下，加以门户之见，尽管所找之人都表示了理解，但也无能为力。钱三强 1990 年回顾当时游说的情景时写道：

　　　　当初我任教于清华大学，就首先找到校长梅贻琦。梅校长表示理解我的建议，但无能为力。他说："你的意见何尝不对，可现在是各立门户，各自为政，谁能顾得上这些呢！"

　　　　接着，我又去登北京大学校长胡适的门。胡先生与我父亲多有交往，"五四"时期曾经轮流编辑过《新青年》。

1945年我从法国到英国学习核乳胶技术，在伦敦见过胡，他还积极动员我回国。他现在既是名校长，又是可与最高层通话的要人，也许他比梅贻琦的作用大。在我讲明来意后，他摇了摇头，感叹道："门户之见，根深蒂固。北平（京）有几摊，南京还有一摊，几个方面的人拢在一起，目前的情势下不易办到。还是各尽其力吧。"

最后，我找到北平（京）研究院副院长李书华，希望把北平（京）的有关力量先联合起来，加强协作。他的回答是："在一定时期开开学术讨论会是可以的，其他恐怕难以办得到。"

几经碰壁，希望成为泡影。……①

"山重水复疑无路，柳暗花明又一村。"1949年1月31日，北平宣告和平解放。3月上旬，北平军管会主任叶剑英派丁瓒通知钱三强，准备4月参加中国和平代表团出席第一届世界人民保卫和平大会，大会在法国巴黎召开，在布拉格同时设一个分会场，大会的主席约里奥-居里正是钱三强在法国攻读博士学位的导师。接到通知后，钱三强考虑到作为中国代表团唯一的核物理学家，应该有自己业务方面的一份责任，若借这次去巴黎的机会，托自己的导师帮助购买开展原子核科学研究所需的

---

① 钱三强：《徜徉原子空间》，天津：百花文艺出版社，1999年，第116—117页

仪器设备和图书资料,既可以打破封锁运带回国,又可以买到价格合理的东西,再好不过。而且中国将来要搞原子能事业,这些都是必备的东西。但当时战争尚未停息,能不能拿到外汇去买仪器是个大问题。

钱三强抱着试试看的心理,把自己的想法告诉了代表团副秘书长丁瓒,并且估算要 20 万美元的数额。此后三天未见回应,钱三强盼望着未知的结果,同时也深为自己的冒失行为感到忐忑不安。他在数十年后追忆此事时写道:"我埋怨自己书生气太重,不识时务,不懂国情。战争还没有停息,刚解放的城市百废待举,农村要生产救灾,国家经济状况何等困难!怎么可能在这种时候拨出外汇购买科学仪器呢!这不是完全脱离实际的非分之想吗?"①然而,让钱三强意想不到的是,第四天他接到了一个电话,要他到中南海去。在中南海,约见他的人是当时的中共中央统战部部长李维汉。原来这一建议转报中央后,经周恩来亲自研究后得到采纳。在当时财政极其困难的情况下,还是决定先拨出 5 万美元专款。并决定该专款由钱三强和代表团秘书长刘宁一共同商量使用。

大会结束时,经过与刘宁一商定,钱三强从拨给的专款中取出 5000 美元,交给巴黎方面来的可靠人士转交约里奥购买有关仪器和图书资料。据后来得悉:约里奥十分认真、严密对

---

① 钱三强:《徜徉原子空间》,天津:百花文艺出版社,1999 年,第 114 页。

待此事,曾一度将现款埋藏在自家的小花园里。约里奥以极其负责的精神完成了重要委托,其购买的有关仪器和图书资料,后来巧妙地通过从法国回国的杨承宗和从英国回国的杨澄中带回国内。① 这些仪器设备成了我国原子核物理研究的家底之一。

新中国的成立为科技资源和科技人才的优化整合提供了契机。有限的科技资源、有效的国家财力要满足紧迫的国民经济建设和国防科技发展的需要,同时相对狭小的科技活动范围,都给科技体制的集中管理提供了现实可行性。苏联的科技体制模式也给我国提供了现成的参照。② 1950 年 5 月,中国科学院将原南京中央研究院物理研究所一部分与北平研究院原子学所合并成立近代物理研究所。专业人员有吴有训、赵忠尧、钱三强、何泽慧和李寿楠等十来个人。近代物理所成立后虽拥有几位知名的科学家,但人数太少,专业不配套,因而聚集人才,扩大科研队伍,成为当务之急。在周恩来的关怀和支持下,理论物理学家彭桓武、实验物理学家王淦昌于 1950 年先后从清华大学和浙江大学调到了近代物理所。以后陆续从国外回来的科学家有郭挺章、金星南、肖健、邓稼先、朱洪元、胡宁、杨澄中、杨承宗、戴传曾等。

① 葛能全:《钱三强年谱》,济南:山东友谊出版社,2002 年,第 72 页。
② 张庆九:《牛顿以来的科学家——近现代科学家群体透视》,合肥:安徽教育出版社,2002 年,第 502 页。

　　"仅两三年的时间,一大批有造诣、有理想、有实干精神的原子核科学家,从美国、英国、法国、德国、东欧和国内有关大学、研究单位纷纷来到所里。真可谓群贤毕至,少长咸集。"①至此,钱三强在归国时希望整合全国核物理研究人才的愿望得以实现。1958 年,我国第一个重水型原子反应堆和第一台回旋加速器先后建成;静电加速器、中子谱仪、零功率装置、磁镜型绝热压缩等离子体实验装置等近 50 台件重要仪器设备相继建成运行。随后,核物理、核工程技术、钚化学、放射生物学、放射性同位素制备、高能加速器技术、受控核聚变等研究工作都先后开展起来。

　　"到 1960 年上半年,原子能研究所已发展到 4300 多人,其中大专以上文化程度的科技人员近 1500 人,在 20 个学科 60 个学科分支开展了工作,填补了一批学科空白,逐步建成了一个比较完整的综合性的核科学技术研究中心,为中国自力更生发展核工业、研制核武器做了人才和技术储备。"②以钱三强为首组建的这个科研基地,在我国核工业建设和发展过程中,起到了"领头羊"和"老母鸡"的作用,并在全国逐渐派生出一系列核科学研究机构,培养出一大批日后成为原子能战线科研与生产主力军的优秀人才。

―――――――――――

① 钱三强:《徜徉原子空间》,天津:百花文艺出版社,1999 年,第 117—118 页。
② 《当代中国》丛书编辑部:《当代中国的国防科技事业》,上册,北京:当代中国出版社,1992 年,第 197 页。

前面已经提到,在中共中央正式做出发展核武器的决定以前,钱三强已预测到这一趋势。而中国核武器技术的快速突破与钱三强"预为谋"的思想息息相关。1953 年 7 月,钱三强与丁瓒一起向国家计委领导人汇报访苏情况,陈述争取苏联援助发展我国原子核科学的意见。提出如果不能从苏联引进,就必须自行研制回旋加速器和实验性反应堆,就要动员地质、冶金、化工、机械制造等工业部门和科研力量共同协作来完成。该意见为中央决策提供了参考。

1954 年冬,钱三强向中共中央宣传部科学处派到物理研究所做调查研究的何祚庥、龚育之、罗劲柏反应关于大力发展核科学研究,加紧培养人才,在较短时间内建立我国核工业,研制原子弹的建议。随后,中宣部科学处根据在物理所的调研和许多科学家的意见,向中央写了大力发展原子能科学技术的书面材料,为中央及时决策起了促进作用。[1] 1955 年 1 月 14 日,周恩来邀请李四光和钱三强谈话,详细询问了中国核科学技术和铀矿地质资源等有关情况,了解核反应堆、原子弹的原理和发展原子能科技技术所需的条件。翌日,毛泽东主持召开了中共中央书记处扩大会议,听取了李四光、钱三强以及地质部副部长刘杰的汇报,讨论了中国发展原子能事业的问题。这次会议

---

① 葛能全:《钱三强年谱》,济南:山东友谊出版社,2002 年,第 113 页。

做出了发展原子能事业、研制原子弹的决定。① 在会上，钱三强为毛泽东等中央领导人讲解原子能基本原理的第一课。"1960年，中央决定自力更生研制原子弹和氢弹，钱三强在核工业部副部长的岗位上，倾注了全部心血，参与组织、领导、策划我国第一颗原子弹和第一颗氢弹的许多重大事项。"②

熟悉世界核武器发展历史的人都知道，从第一颗原子弹爆炸试验到第一颗氢弹爆炸试验，美国用了 7 年又 4 个月时间，苏联用了 4 年时间，英国用了 4 年又 7 个月，法国用了 8 年又 6 个月。法国第一颗原子弹爆炸试验时间是 1960 年 2 月，比中国早 4 年又 8 个月；但 1968 年 8 月才进行首次氢弹试验，比中国晚 1 年又 2 个月。显然，中国摘取了氢弹研制速度的桂冠。中国成为继美国、苏联、英国之后第四个制造氢弹的国家，从而大大提高了中国的国际地位。中国氢弹研制的速度令包括戴高乐在内的很多人疑惑不解。时隔 18 年后，当法国快中子堆之父万德里耶斯先生访问中国时，还向钱三强询问答案，他问道："法国原子弹比中国原子弹爆炸得早，但氢弹却是中国比法国爆炸得更早。当戴高乐总统 1967 年知道中国爆炸了氢弹时，把我们原子能总署的人批评了一顿。你能否告诉我，你们

---

① 《当代中国》丛书编辑部：《当代中国的国防科技事业》，上册，北京：当代中国出版社，1992 年，第 27 页。

② 张开善：《当代国际著名核物理学家钱三强的辉煌》，《国防科技》，2006 年第 4 期。

怎么会从原子弹到氢弹发展得这样快?"我们之所以比法国快,确确实实是与科学策略的运筹方面重视"预为谋"分不开的。

发展国防科技,预先研究必须先行。这对科技基础薄弱的中国尤为重要。钱三强多次强调预先研究,特别是基础研究的重要性。基础理论研究是技术发展的强大动力和重要基石,是武器装备发展水平的重要标志,在武器装备建设全局中具有不可替代的重要地位。因此,及早组织氢弹的预研工作也正是钱三强考虑的问题。①

特别应该指出的是,钱三强作为一个实验物理学家,却始终十分重视理论研究工作。早在近代物理研究所创建的初期,钱三强就狠抓理论研究,组建了由彭桓武、朱洪元领导的理论物理组,开展关于原子核物理理论以及粒子物理理论的研究,同时注意反应堆、同位素分离、受控热核反应等应用性理论问题的研究,努力探索原子能科学的奥秘。在他的影响下,原子能所每一新开的学科总是把成立理论组放在首位。

氢弹技术的快速突破正是得力于钱三强对理论预研的重视。1960年秋,钱三强经与第二机械工业部部长刘杰共同研商,并获得刘杰代表党组的委托,本着做些预期准备,先行一步的考虑,在所内适时地组织黄祖洽、于敏、何祚麻等一批理论物理学家,成立一个轻核反应装置理论探索组(简称轻核理论组,

---

① 张纪夫:《钱三强与中国氢弹》,《金秋科苑》,1995年第5期。

也称"乙项任务"），开始对热核材料性能和热核反应机理进行探索性研究，分析研究了其基本现象和规律，探讨了不少关键性概念，为氢弹研制做了一定的理论准备。他们在 4 年里共提交研究成果报告 69 篇，对许多基本现象和规律有了更深的认识。由于预先研究工作扎实，为突破氢弹技术创造了条件。1965 年初，原子能研究所这一部分科技工作者中的 31 人（包括于敏和黄祖洽）调到核武器研制机构。① 这样，氢弹的理论研究队伍汇聚一起，形成了强有力的科研攻关拳头。

我国氢弹研制之所以有如此高速的进展，氢弹原理预研是其重要原因之一。同样，关于同位素分离的特种元件，是在科学院和冶金部有关研究单位大力协同下，用四年时间研究出了制备工艺，使得我们取得了自主权。这又一次证明了科学研究、科学储备的重要性。值得一提的是，钱三强"考虑到理论与实验结合的必要性，在成立轻核理论组后即在原子能所又成立了一个轻核反应实验组，以轻核反应数据的精确测量来配合和支持轻核理论组的工作开展，并决定先后由蔡敦九、丁大钊担任刻组组长，成员逐渐增加到十几人"②。

以后的历史轨迹是：于敏在氢弹理论研究中解决了若干关键性的理论问题，是氢弹理论设计的主要完成人，并且在氢弹

① 钱三强：《中国科学院和我国原子核科学技术》，《中国科学院院刊》，1989 年第 3 期。
② 葛能全：《钱三强年谱》，济南：山东友谊出版社，2002 年，第 159 页。

的武器化和新一代核武器研制中都做出了重要贡献。有鉴于此，杨振宁一再称赞"于敏是中国非常杰出的科学家"[1]，另两位诺贝尔物理学奖得主朝永振一郎和阿格·尼尔斯·玻尔分别称其为"国产土专家一号"和"出类拔萃"的人。钱三强等人这种有预见性的安排和于敏等核物理学家的出色工作，对我国后来原子能事业的顺利发展，特别是使我国成为世界上从原子弹到氢弹发展速度最快的国家，可以说是功不可没。

"经过这一实践过程，成长了一大批联系实际的理论物理与计算技术和爆轰科学技术的骨干。由于对国家做出重大贡献，1982年获得国家自然科学奖金两个一等奖。（1）彭桓武、邓稼先、周光召、于敏、周毓麟、黄祖洽、秦元勋、江泽培、何桂莲由于理论工作获得一等奖。（2）王淦昌、陈能宽、张兴钤、方正知、胡仁宇、陈希宜、经福谦、陶祖聪、张寿其、章冠人等由于爆轰试验工作获得一等奖。"[2]事实证明，只有加强预先研究，加强学科储备，才能为武器装备研制提供雄厚而成熟的科学技术储备，从而提高技术武器装备研制的起点，缩短研制周期。

近现代科学技术体系是一个包含基础科学、应用科学及工程技术等多种层次的复杂巨系统，各个层次互相促进又互相制约。一个独立自主的大国必须在国际基础科学研究领域占有

---

[1] 张纪夫.《钱三强与中国氢弹》,《金秋科苑》,1995年第5期。
[2] 钱三强:《钱三强科普著作选集》,上海:上海教育出版社,1990年,第107页。

一席之地。这并非完全出于伸张国威和提高民族自信的外在需要,它同时也是科学技术体系健全合理、高速高效发展的内在需要。因此,一个健全的现代国家在组织广大科技人员投身经济建设与国防建设时,必须容留并鼓励少数出类拔萃的科学家从事基础科学研究。

钱三强在回顾和总结我国成功地研制原子弹和氢弹的经验时说:"基础科学研究则既是人类对自然界客观规律认识的前沿,又是开拓新技术领域的出发点。显而易见,基础科学研究是现代科学发现、发明的思想'发动机'。有一位荷兰化学家叫阿累尼乌斯(国籍有误,实为瑞典化学家——引者注)的说过:'理论是科学知识领域中最重要的推动力,……理论研究可以指出应当把今后的工作引向什么才能获得最大的成就。'这是说得很中肯的。就我个人的亲身经历来说,我国原子弹、氢弹成功的经验中的一条,确确实实是我们及早抓了理论物理这一基础科学研究工作。"①

情况正如钱三强在改革开放初期指出的那样:"从长远来说,哪一个国家想真正在科学技术上领先,光搞技术革新还不够,还必须掌握事物的内在规律,掌握前人未曾发现的规律。不然的话,就谈不到技术革命。你能先掌握一步,多懂得一点,

———————————

① 钱三强:《可算找到老家了——谈谈科学学和科学管理》,《自然辩证法通讯》,1982 年第 1 期。

你就在这方面处于领先地位。所以我认为,要在本世纪末实现四个现代化,走在世界的前列,我们的科学研究必须有一定比例:一部分科学家要侧重应用研究的规律,如工业、农业、医学方面的规律;还有一部分科学家则要侧重摸更基本的规律,也就是一时还不能完全看到它的应用效果的规律。这种规律摸清楚之后,加以各方面联系和应用,就能发挥出重要作用,就能走在别人前面。这部分工作就叫基础科学。我看,愈是接近二〇〇〇年的时候,基础科学研究的比例就越要相应地增大。因为到那时候,和别人的水平接近了,这时谁能掌握更多的基本规律,又能及时组织应用,谁就有更多的主动权。"①

原子弹等武器装备的研制是一项复杂的系统工程,又是一个研究、设计、试制、生产有机结合的过程。根据这一特点,并通过总结实践经验,聂荣臻在 1966 年 2 月给周恩来的报告中,提出了研制工作"三步棋"的思想。这就在一定的计划时期内,研制工作要同时安排三个层次的型号:正在试验、试制(生产)的型号;正在设计的新型号;需要探索研究的更新的型号。这样安排可以加强研制工作的计划性和预见性,并使不同层次的型号互相衔接,交替进行;预研工作也可得到相应的落实。对同一型号而言,"三步棋"是指预研、研制、小批生产三个阶段。他的这一想法符合科研工作的客观规律,开创了中国国防科技

---

① 钱三强:《科坛漫话》,北京:知识出版社,1984 年,第 251 页。

的科学管理方法,得到了中共中央的赞同和国防科研部门的拥护。①

现在,基础理论研究是技术进步的先导,这一点比以往任何时候都更加确定。当今国与国之间的竞争不再是单纯的军事力量或经济力量的竞争,而是综合国力的竞争。提高国家综合国力的重要途径之一就是必须有效地支持基础研究。"一个在新基础科学知识上依赖于其他国家的国家,它的工业进步将是缓慢的,它在世界贸易中的竞争地位将是虚弱的,不管它的机械技艺多么高明。"②能够有预见地提出问题,预测科研的发展方向并集中力量进行攻关,不仅需要科学筹备,还需要具备敏锐的洞察力和高瞻远瞩的战略眼光。因此,是一种更为难得的科学素养。

爱因斯坦曾经说过:"提出一个问题往往比解决一个更重要。因为解决问题也许仅是一个数学上或实验上的技能而已,而提出新的问题,却需要有创造性的想象力,而且标志着科学的真正进步。"③"当然,科学是创造性的工作,创造性工作本身

---

① 《当代中国》丛书编辑部:《当代中国的国防科技事业》,上册,北京:当代中国出版社 1992 年,第 57 页。
② [美]V.布什等:《科学——没有止境的前沿》,范岱年等译,北京:商务印书馆,2004 年,第 64 页。
③ [美]爱因斯坦等:《物理学的进化》,周肇成译,上海:上海科学技术出版社,1962 年,第 6 页。

是没有现成规律可循的。但是,科学研究又是人类认识自然界的活动(这里专指自然科学),科学研究活动应该是有规律可循的。"①正是基于这一认识,钱三强在原子弹研制中,处处提前布阵,进行了很好的科学预测工作。有人总认为钱三强自己没有参加具体的研究工作,没有解决原子弹研制中的具体技术难题,因此与原子弹研制关联不大。张劲夫认为,如果没有钱三强做学术组织工作,如果不是钱三强十分内行地及早提出原子弹研制的方案与课题,我们无法赶上和超过别人。钱三强早就出了"题目",我们早就动手了,早就把方案搞出来了。② 正如孙中山是辛亥革命的领导者和精神领袖,不能因为武昌起义时孙中山不在现场,就认为他与辛亥革命关联不大。

早在新中国成立初期,钱三强就在不同场合向党和国家领导人、高校师生、机关干部、人民大众宣讲原子能的科学知识,描绘和预测了原子能在和平利用方面的前景。他指出:"原子能的发现,给人们开辟了一个新的时代。原子能以及各种元素的放射性同位素,已经在工业、农业、医学等方面获得了极为广泛的应用。其中最重要的一项成就就是苏联的原子能发电站。"③同时,他乐观地预言说:"凭借人类无穷无尽的智慧和创造性的劳动,我们完全可以满怀信心地展望将来大量运用原子

① 钱三强:《徜徉原子空间》,天津:百花文艺出版社,1999年,第92页。
② 钱三强:《徜徉原子空间》,天津:百花文艺出版社,1999年,第259页。
③ 钱三强:《钱三强科普著作选集》,上海:上海教育出版社,1990年,第52页。

能以后的世界面貌。"①

1956 年春,在周恩来总理和陈毅、李富春副总理的领导下,国务院成立了科学技术规划委员会(钱三强被任命为科学技术规划委员会委员),组织全国 600 多名科学技术专家和工程技术人员制定《一九五六——一九六七年科学技术发展远景规划纲要(草案)》(简称十二年科学规划)。这个规划要求迅速壮大中国的科学技术力量,力求十二年内,在某些重要和急需的科学技术领域,接近或赶上世界先进水平,又多、又快、又好、又省地发展社会主义建设。② 国防科技发展规划提出的任务,被列在国家十二年科学规划 12 项重点任务的前列,其中就包括原子能技术。同时,为了加强对培养和调集原子能事业科学技术人才的领导,国务院成立专门领导小组,钱三强被任命为该领导小组成员。物理研究所也成立"和平利用原子能规划组",开始编制我国《和平利用原子能科学远景规划(草案)》,规划起草后,钱三强主持讨论修订了该草案。

核能的和平利用,标志着人类改造自然进入新的阶段。还在原子能智能作破坏功能的时候,爱因斯坦就富有远见地指出:"通过原子能的释放,我们这一代已经给世界带来了自从史

① 钱三强:《钱三强科普著作选集》,上海:上海教育出版社,1990 年,第 58 页。
② 《当代中国》丛书编辑部:《当代中国的国防科技事业》,上册,北京:当代中国出版社,1992 年,第 31 页。

前人类发现了火以后最大的革命力量。"①"核能、航天、电子计算机等高、新技术的兴起，不仅产生了当代核工业及新能源产业、宇航和太空产业、电子计算机产业等，而且以惊人的速度改变着社会经济生活的方方面面。"②核能的和平利用其实质可以说是一个军转民问题。

在历史上，军用技术一直领先于民用技术。战争是一种暴力对抗，同时也是一种技术竞赛。"当己方拥有某种先进的战争技术，必然刺激敌方的战争技术革新，而敌方的革新又迫使己方谋求新的技术对策。在国防科技发展史上最典型的表现，就是进攻与防御的运动。一种进攻性武器出现后，必然或迟或早地导致相应的防御手段的发展。这种物物相降、环环相扣、螺旋上升的对立统一运动，无疑使战争对技术的需求，以血淋淋的方式不断放大、不断延续。任何和平生活领域，都不可能获得这样强烈的技术进步动力。"③因此，"无论处于蒙受威胁的国家，或者是具有扩张野心的国家，都永远不会同意放慢军

---

① 许良英、赵中立、张宣三编译：《爱因斯坦文集》，第三卷，北京：商务印书馆，1979 年，第 221 页。
② 周建设：《国防资源的逆向开发——中国军转民问题研究》，长沙：湖南出版社，1992 年，第 251 页。
③ 周建设：《国防资源的逆向开发——中国军转民问题研究》，长沙：湖南出版社，1992 年，第 241 页。

事革新的步伐"①。

能源技术的历史就很好地证明了军事技术先行发展的事实。早在人类懂得如何保留和产生火种的同时,就在掌握了古战场上屡见不鲜的"火攻"方式。引起能源技术第一次深刻革命的火药技术发明后,首先的结果是战争获得了一种前所未有的利器。据记载,我国早在公元904年,就开始将火药应用于军事,而把火药用于制造爆竹,则已是13世纪中叶的事了。而当另一种划时代的能源技术——核能技术出现后,用途首先就是制造原子弹。1945年美国成功研制了用于军事的原子弹,1954年6月27日,世界上第一个原子能发电站才开始发电。

新中国成立后,同样由于国防的迫切需要,国家将军事技术置于科技发展的战略制高地位,不遗余力地发展包括航天技术、核武器技术等在内的军事技术,使军事技术的先进程度和总体水平高于一般民用技术。国防科技工业在军品研制生产过程中,积累了一大批设计技术、工艺技术、集成技术等,有些可直接用于民品,有些经过二次开发后也可以民用。改革开放后,随着国防发展战略的重大转变,军事技术成果在国民经济生活中的推广应用成为必然。钱三强敏锐地意识到军民结合的必然性,让我们再次领略了战略科学家的远见卓识。

---

① ［英］J.阿尔伏德编:《新军事技术的影响》,金学宽、叶信安译,北京:宇航出版社,1987年,第4页。

早在 1955 年,钱三强在北京对一些科学家所作的原子能通俗讲话中实际上已经涉及军转民的问题。他认为原子能的发现为人类进一步征服自然开辟了广阔的道路。原子能以及各种元素的放射性同位素,可以在工业、农业、医学方面获得极为广泛的应用。如使用原子能发电,就较火力、水力发电存在很多优点:第一,使用原子能来发电,当它大规模推广时,它的基本建设费用与火力发电相仿,比水力发电便宜得多,而它的经营费用与水力发电相仿,比火力发电便宜得多。因此,原子能发电是经济的。第二,使用原子能来发电后,就可以节省出大量的煤和石油,用来冶炼金属、制造染料、药物和塑料。第三,在缺少水力、煤和其他动力资源的地区,就可以用原子能来发电,而不必从几千里外运来大量供燃烧的煤。第四,原子能反应堆的废料比火力发电的煤灰少得多。第五,原子反应堆在没有氧气的地方也可以工作。[1]

钱三强在 1980 年 2 月 28 日第一次核学会大会闭幕式的讲话中指出:"过去讲军民结合,是以军为主的军民结合,也就是以民支军。这是非常必要的。否则,我们的核燃料、原子弹、氢弹等都搞不出来。但是,在军用已经有了一定基础的今天,民用方面显得落后了。我很赞成这次会议上提出的想法,即把相当一部分力量转到直接为国民经济服务上来。这也是一种军

---

[1] 钱三强:《钱三强科普著作选集》,上海:上海教育出版社,1990 年,第 52—53 页。

民结合……持久的正常的军民结合应该是互利的。我们要加快发展我国的核动力,建造核电站;要普及核技术在工、农、医等领域的应用;要注意基础研究;特别要注意核科学和其他学科的集合,开辟新的研究领域,如中子衍射等,美、法等国都非常注意这几方面的工作。"①

钱三强认为:"如果现在(指 1980 年——引者注)我们在国家关于核电站的任务定下来之前,早一点把核电站的科学技术研究工作抓起来,假想一个不太大的规模,在一些必要的性能和一些关键部件上早下一点研究的功夫,将来一旦任务定下来,立刻就可以上马。核燃料元件也可以多路探索。现在我们的人力很多,比一九五五年时要多百来倍,发挥大家的积极性,开动脑筋,用不太多的经费,多做点科学储备,一旦有了任务,就可以有多一点的选择余地。"②当前,民用技术和军事技术之间的界线越来越模糊,高新技术特别是信息技术具有高度的军民两用性,民用领域的高新技术基本上都可以用于军事目的。美国商务部和国防部同时列出的关键技术中,有 80% 是相通的。俄罗斯的这一比例也达到了 70% 以上。据国外专家估计,美、英、法、德、日等世界主要发达国家发展信息化武器装备所需要的高新技术,80%—90% 来自地方企业,10%—20% 来自军

---

① 钱三强:《科坛漫话》,北京:知识出版社,1984 年,第 165 页。
② 钱三强:《科坛漫话》,北京:知识出版社,1984 年,第 166—167 页。

方的科研院所。①

核电被全世界公认为清洁的替代能源。实现我国能源安全和可持续发展,迫切需要发展核电。发展核电对推进中国能源多元化,提高能源的安全性,优化能源结构,合理开发利用能源等方面具有重要的意义。为此,钱三强和李觉、姜圣阶、王淦昌于1990年2月联名写信给中央领导,提出和平利用核能是我国发展核工业的根本方针,发展核电一定要有战略决心和长远打算,应及早制订我国核电发展中长期规划等建议。在建议中,提出了我国核电发展的三步走战略:

第一步,20世纪内必须千方百计确保建成600万千瓦核电站,为掌握核电技术和解决东部地区缺能问题发挥积极作用;

第二步,到2015年争取建成3000万千瓦核电站,这将有效地弥补能源缺额;

第三步,到2050年核电发电量争取达到全国总发电量的20%以上。同时跟踪世界新科技发展,积极开发快堆和核聚变技术。

钱三强等认为,在核电起步阶段,国家投资应起主渠道作用,并且考虑核电建设资金可以由以下四个渠道解决:一是在国家预算内能源建设资金中划定一个适当比例,用于核电建

---

① 姜鲁鸣、王伟海:《走好中国特色军民融合式发展路子》,《解放军报》,2011年7月7日。

设;二是落实贡献铀的资金渠道,并在"八五"期间予以保留;三是国家拟新征电力建设基金,划中央支配,建议从中划定适当比例用于核电建设;四是从国家新征的投资方向税中划出一部分作为核电建设基金。这些建议得到了中央领导的高度重视和充分肯定,为我国最高领导层做出发展核电决策提供了参考。时任国家总理李鹏回信说:"把核事业纳入国民经济发展规划,落实资金,使核电在下一个世纪为我国国民经济的发展做出积极的贡献,确实是一个具有战略意义的重要问题。"①

可以告慰钱三强的是,经过几代核电人艰苦卓绝的努力,我国已运行 15 台核电机组,装机 1257 万千瓦,而且保持着良好的安全纪录。随着我国综合国力的增强和国家对核电发展的重视,在未来的中国,从沿海的广东、浙江、福建到内陆的湖北、湖南、江西,多座核电站将拔地而起。值得一提的是,核电的和平利用,前提应该建立在百分之百无安全事故,不发生核泄漏上。一旦发生安全事故,后果将不堪设想。我国核电发展指导思想的变化轨迹也反映了核电安全的极端重要性:"十一五"之前是"适度发展","十一五"时期变成了"积极发展""加快发展","十二五"规划的表述改成了"安全高效",2011 年日本福岛核泄漏事故发生后则更加强调"安全第一"。

---

① 葛能全:《钱三强传》,济南:山东友谊出版社,2003 年,第 513 页。

二、弱化个人、崇尚真理

个人与社会的矛盾,是人面临的最基本的矛盾之一。个人与社会这对基本矛盾也不可避免地渗透到研究者的治学精神之中,并在相当程度上决定一个人的治学精神。对研究者来说,个人与社会的矛盾,既表现为切身面临的各种人事关系,如与同事、师长、学生的关系,也表现为个人与真理的相互关系。从某种意义上说,个人与真理的关系显得更为重要和基本,也就是说,在科学研究领域里,个人与社会的基本矛盾主要表现在个人与真理的相互关系上。

一个研究者对真理的态度较之他对周围同事的态度,往往更能从本质上反映他的治学精神。因为在现代社会里,真理具有最广泛的社会性,它常常是当代社会中广大的研究者——包括熟识的和不熟识的——共同创造的精神财富,而且还凝结着以往历代无数的研究者的珍贵劳动和心血。一名研究者对待真理的态度,从根本上说,也就是他对待当代广大的研究者和历代无数的先驱者的态度。因此,要想研究者评判一名科学家的治学精神,很重要的方面就是要研究他对个人与真理相互关系的理解与处理。淡化个人、以真理为贵,和唯我独尊、自以为是便是处理个人与真理相互关系上的两种截然相反的态度。①
钱三强是具有弱化个人、以真理为贵的治学精神的杰出科学家
之一。

崇尚真理与关心社会本是一个问题的两个方面。钱三强
能清醒地认识个人与社会的相互关系，自觉地承认个人的微不
足道和人类社会、集体的崇高伟大。尽管钱三强是公认的"中
国原子弹之父"，他为中国原子能事业贡献了全部的智慧和力
量，而且给人类社会贡献了无可估量的精神财富，却始终怀着
忐忑不安的心情，唯恐自己过多地占有他人的劳动果实。钱三
强对自己的成就和贡献从来只字不提，这在中国科技界是有口
皆碑的。钱三强常讲："甘当无名英雄，十年不发表文章。"这种
缄默展示着这位杰出科学家虚怀若谷的博大胸怀。

中国第一颗原子弹成功爆炸后，法国出版的《科学与生活》
刊出了一则题为《在中国科学的后面是什么?》的"公报"。"公
报"第一次将钱三强誉为"中国原子弹之父"。钱三强得知情况
后，当即这样表示过："中国原子弹研制成功，绝不是哪几个人
的功劳，更不是我钱某人一个人的功劳，而是集体智慧的结
晶。"改革开放后，国内不少媒体采访钱三强，在报道他的成就
和贡献时，多次有过把"中国原子弹之父"一类词用于形容他的

---

① 朱亚宗:《伟大的探索者——爱因斯坦》,北京:人民出版社,1985 年,第 311—
312 页。

情况，但他审稿时统统删去了。他向作者解释说："外国人往往看重个人的价值，喜欢用'之父''之冠'这些形容词，我们中国人还是多讲点集体主义好，多讲点默默无闻好。"①国内宣传和报道他的文章出现一些不太符合实际的词语，只要经他审阅，同样不会放过。

20 世纪 80 年代末，《经济日报》有位记者写了一篇关于钱三强的文章，钱三强认为写得很成功，但也对文中一些赞誉之词提出了异议，并就此写信给专职秘书葛能全，对这些"不实"表明了态度："他有些对我过奖了，'过'则'不实'。因此我提了一些'还我原来面貌'的意见，多数已用铅笔改了。"②葛能全转告记者后，记者很快理解了钱三强的意思，准备改用"卵石"和"沙粒"来比喻钱三强在我国原子能事业发展中的作用，并征求他的意见。钱三强欣然赞同："我作为一个科技工作者，能把自己化作卵石、化作沙粒，铺在千军万马去夺取胜利的征途上，而感到高兴和欣慰！"③

钱三强弱化个人的谦虚情怀在其与朱洪元合写的一篇文章中更是体现得淋漓尽致。"1985 年，钱三强和朱洪元合作撰写过一篇系统回顾我国核科学发展的文章《新中国原子核科学

---

① 葛能全：《钱三强传》，济南：山东友谊出版社，2003 年，第 4 页。
② 王庆：《钱三强专职秘书葛能全：一丝不苟大半生》，《中国科学报》，2014 年 2 月 21 日。
③ 彭继超：《国士钱三强》，《神剑》，2002 年第 2 期。

技术发展简史（1950—1985）》，全文约 1.6 万字，文中写到有关科技人员和管理者的名字达 200 余人，起过重要作用的科学技术专家，在文章中多次写到，就是那些刚从学校毕业做出了成绩的青年，也没有被钱三强、朱洪元两位遗忘，而文章中却没有一处单独提到钱三强自己。"①1989 年，钱三强和马大猷合作撰写了一篇题为《中国科学院物理学和核科学四十年》的文献，提到了"1961 年至 1966 年间，彭桓武、邓稼先、周光召、于敏、黄祖洽等一批理论物理工作者转向解决在被封锁情况下的中国国防建设的有关问题，承担了核武器研制和核工业建设的有关理论研究和计算任务，并做出了重要贡献"②，列举了多位物理学家，同样没有提到自己。

与这种弱化个人、承认他人，尊重集体、尊重社会的崇高道德情操相适应，钱三强在个人与真理的关系上也有十分清醒的认识。结合自己的科学发现，钱三强十分清楚探索真理是一种世代相继、崇高伟大的公共事业，这种探索永远没有尽头，需要许多国家的科学家们一棒接一棒地把科学事业推向一个又一个新的高峰，绝不是一种仅仅属于个人的事业。20 世纪物理学界泰斗玻尔提出的原子理论，曾被誉为"思想领域中最高的音乐神韵"，但仅仅 12 年后，即被海森堡和薛定谔的新理论所取

---

① 葛能全：《钱三强传》，济南：山东友谊出版社，2003 年，第 3 页。

② 钱三强、马大猷：《中国科学院物理学和核科学四十年》，《中国科学院院刊》，1989 年第 4 期。

代;而物理学一代骄子海森堡的矩阵力学与薛定谔的波动力学也在短短几年之内为狄拉克等人的量子场论概括无遗;盖尔曼的夸克理论名噪一时,却很快为实验物理学家的新发现所冲破。[1]

没有前人的工作和同行的启发,成功的结果也得不出来。情况正如牛顿所说:"如果我看得比别人更远些,那是因为我站在巨人肩膀上。""以认识物质结构及其运动规律为例,正是因为一二百年来,一代一代,一批一批的物理学、数学、天文学、化学、生物学、地质学等科学工作者,通力合作,辛勤研究,反复试验,精心观测,精确计算,科学分析,点滴积累,层层深入,才攻克了一个又一个的堡垒,在探求科学真理的道路上不断前进,取得了物质结构从原子到原子核到层子(或夸克)等层次的正确认识。同样,如果没有富兰克林等这些电学研究的先驱们冒着生命危险研究闪电的勇敢实践,就谈不上真正认识电并使之造福人类。"[2]

钱三强在将自己伟大的科学成果——重核原子三分裂、四分裂的发现——奉献给人类的同时,也给后人留下了他感人至深的敬重同行的精神。他没有忘记他人给予自己科学探索的启发:"1937年夏天,玻尔夫妇和儿子汉斯来中国,访问了上

---

[1] 朱亚宗:《伟大的探索者——爱因斯坦》,北京:人民出版社,1985年,第328—339页。

[2] 钱三强:《徜徉原子空间》,天津:百花文艺出版社,1999年,第107—108页。

海、杭州、南京、北平(京)等地,在中央研究院、浙江大学、北京大学等单位做了关于原子核的演讲。我那时刚从清华大学毕业不久,在北平(京)研究院物理研究所工作,玻尔来参观物理研究所,又在北京大学演讲,对原子的结构和原子核的图像讲得深入浅出,深深地吸引了我们这些观众。他的关于复合核的概念对于我后来做有关裂变的工作有很大启发。"①"我们应该向格林与李弗西等40年代中期各国有关核科学工作者表示敬意,没有他们工作的启发,我们是做不出这些有意义工作的。"②这种弱化个人、崇尚真理的精神,在钱三强对待别人误解的宽容态度与高度的自我批判中,得到了完美的体现,具有感人的力量。"科学的探索工作比之常人的工作更易于产生失误,即使是智慧超人的科学大师,也难免顾此失彼和误入歧途。因此,问题并不在于是否有错误,而是在于是否能够闻过则喜,从善如流。"③

　　钱三强把真理视为无数的探索者薪火相传共同奋斗的成果,视为人类社会的公共财富,而从不把真理看作是由个人超群的才智创造出来换取名利的商品。因此,钱三强极为关心真理的命运,而不是个人的荣辱成败。对于自己的错误,钱三强总是采取实事求是的态度,以真理为贵,从不计较个人得失。

---

① 钱三强:《徜徉原子空间》,天津:百花文艺出版社,1999年,第35页。
② 钱三强:《徜徉原子空间》,天津:百花文艺出版社,1999年,第165页。
③ 朱亚宗:《伟大的探索者——爱因斯坦》,北京:人民出版社,1985年,第315页。

在"浮夸风"盛行的"大跃进"年代，中国科学院曾在北京召开了"献礼祝捷万人大会"。"会上各所献礼科学成果计2152项，其中超过世界水平的有66项，达到世界水平的有167项。这些献礼科学成果诸如'人造小太阳''天有不测风云''化冰雪为甘露''燃料直接发电'等。钱三强代表原子能所作献礼讲话，比较之下稍显'逊色'。"①当年参加祝捷大会的黄胜年院士多年后对此事仍记忆犹新，在其自述中追忆了钱三强在特殊年代坚持实事求是、不随波逐流的难能可贵。他在回忆中写道："发言者大都提出了事实上难以达到的高指标，而且像竞争似的，一个比一个讲得'宏伟'和'鼓舞人心'。轮到钱先生上台了，出乎许多人的意料，他平静地讲了能够做到的事。在那次大会上是被认为'保守'的。我心中明白，他这样做，要承受多么大的压力。"②

钱三强旗帜鲜明地反对1959—1960年时期闹得沸沸扬扬的所谓"科学发现"——"超声波产生放射性"——更是他不惧风险、崇尚真理的一个缩影。其时，由于国内正开展一个超声波的运动，这一发现就不仅被当作"重大成果"，而还提到"路线"高度——要走出中国式的发展原子能的道路！有些"理论家"也从"理论"上来加以"支持"，说这可能是"多声子吸收"的

---

① 葛能全：《钱三强年谱长编》，北京：科学出版社，2013年，第295页。
② 葛能全：《钱三强年谱长编》，北京：科学出版社，2013年，第295页。

结果。作为原子核物理学家的钱三强坚持真理，顶住压力，抵制这一"中国式的道路"，竭力不让这一"道路"干扰原子能研究所的主要工作，最后还是在他的支持下，组织了某些研究人员做了一个精细的实验，从而最终否定了这一"新生事物"。

钱三强在全所大会上对这一"科学发现"的总结发言中指出："那些竭力将'超声波产生放射性'吹嘘为党的路线的光辉的成就的同志们，不是在那里提高党的威信，而是败坏党的声誉，实实在在地给党的路线抹灰涂黑！"① 与此同时，对于自己不切实际的建议，他毫不掩饰，知错就改。钱三强在 20 世纪 50 年代"大跃进"高潮时，受当时政治气候的影响，曾提出过各省要建"一堆一器"（即反应堆和加速器）的建议，这当然是不妥当的。他一经认识到该建议不切实际，便主动公开检讨，承认错误，并努力予以纠正。即便对于自己讲话中的一个小错误，钱三强也不放过。1976 年 2 月 23 日，钱三强向地震局会议与会人员印发亲自起草和署名的书面声明《纠正我讲话中的一个错误》。其中写道："二月十日上午，我在地震局长会议上做过讲话，曾说到傅承义同志认为地震不可预报，现接到傅承义同志来信，说明他对地震预报的态度。证明我的讲话错了，应该改正。我在此声明，我当时的那个讲法是道听途说的，不可靠，

---

① 何祚庥：《回忆三强同志在原子能科学技术中的重大贡献》，《自然辩证法研究》，1992 年第 8 期。

特向傅承义同志表示道歉。"从这份书面声明中，我们读到了一位杰出科学家崇尚真理的拳拳之心。

更为难得的是，钱三强能够用发展的眼光客观公正地看待自己的科研工作，指出自己工作的考虑不周。四十年后，钱三强在回顾三分裂、四分裂研究时谈道："我们的工作也不是一切都正确。例如，对于快中子引起铀、钍裂变，我们没有观察到三分裂。实际上后来其他国家的工作表明，与慢中子裂变一样，铀、钍核素在用快中子引发裂变时，同样也能发生三分裂，其概率略有差别。为了不使快中子在乳胶中产生大量反冲质子的影响，我们对乳胶进行了减低灵敏度的措施，但措施过分了，以致 α 粒子附近的轻粒子也观察不到了。这说明我们工作有些还是考虑不够周到，经不住历史考验。"①

三、献身科学、淡泊名利

居里夫人说："科学的探讨研究，其本身就会有至美，其本身给人的愉快就是报酬。"爱因斯坦则根据科学家从事科学的不同动机，把其分为三种类型：（1）视科学为特殊娱乐的人；（2）视科学为猎取功利工具的人；（3）视科学为理解宇宙的神圣事业的人。第三种是真正具备献身科学、淡泊名利的价值观

① 钱三强：《徜徉原子空间》，天津：百花文艺出版社，1999年，第162页。

的人。他认为，前两种人充其量不过是科学的同路人。第三种人则大不同，他们是一批对科学事业情有独钟的人，是科学界名副其实的中坚力量。爱因斯坦颇为自己属于第三种人而自豪。真正的科学家，搞科研的初衷不是为了名利，而是为了追求真理、改造世界、造福社会。

纵观钱三强的一生，可见他的生命和科学事业早已融为一体，他矢志不移地追求科学、崇尚科学、献身科学。钱三强自幼热爱科学，从步入科学殿堂，领略到科学的无穷魅力后，便树立了探索未知、发展科学为己任的理想。青年时期，他胸怀科学救国的信念，并一步一步沿着原子能科学的峭岩陡壁奋力攀登，直至登上高峰。中年后，他将全部精力投入到新中国原子能科学的宏大事业中，为我国原子弹、氢弹的研制殚精竭虑，夙兴夜寐。进入晚年，他一如既往地关注我国科学事业的发展，对管理科学、科学学和科学普及、国际交流等尤为关注，他还多次以科技界一名老兵的名义与人联名或单独向中央反映科技界普遍关心的问题。

钱三强在北京大学理科预科班学习时，经常去旁听物理系本科高年级的课程，引起了他对物质结构科学的浓厚兴趣，萌发了科学探索的念头，从此与物理科学结下了不解之缘。1932年，钱三强改变考交通大学学工科的初衷，考入清华大学物理系。1933年，父亲钱玄同专门为钱三强题写了"从牛到爱"四个大字。一是希望他能发扬他属牛的一股子"牛劲"，二是希望他向牛顿、爱因斯坦学习,在科学探索的道路上勇于创新,攀登高峰。这幅字自此便被钱三强视为座右铭,走到哪里带到哪里,相伴了他近 60 个春秋。1937 年,钱三强正是怀抱科学报国的信念和承载着父亲的殷切希望留学法国的。在法国的 11 年间,钱三强没有辜负父亲的殷切期望。他获得物理学博士学位,发表了数十篇高质量的论文,与人合作共同发现了被约里奥-居里誉为"二战后居里实验室第一项最重要的工作"的三分裂、四分裂现象,获得法国科学院授予的亨利·德巴微物理学奖金。

钱三强回国时,导师伊莱娜·居里以"科学家要为科学服务,科学要为人民服务"作为临别赠言。从此,钱三强又多了一份座右铭。新中国成立后,钱三强主要从事原子能事业中的科学管理工作,以另一种方式继续为科学事业做贡献,正如法国驻华大使马乐先生说的那样,革命事业的需要,把他推到组织者的岗位上来了。在这个岗位上,钱三强尽心尽力,让一大批有才能的科学家充分发挥他们的创造才能。在他和众多科研工作者的努力下,原子弹、氢弹研制成功了,并培养了大批人才,重振了国威。回顾这段历史,钱三强无怨无悔。1999 年,因在研制原子弹、氢弹中的突出贡献,钱三强被追授"两弹一星功勋奖章"。

人类科学史上不乏成果累累、功勋卓著的科学家,但却只有少数人能够弃绝一切名利,终身许身科学。正是这样的少数

人物才是科学殿堂中的精英。钱三强堪称功勋卓著而又淡泊
名利的科学精英的杰出代表。1947年,钱三强因科学领域的突
出成就被破格升任为法国国家科学研究中心研究导师。诚如
钱三强自己所言:"一个外国科学工作者在法国晋升为'研究导
师',又获得了一定的荣誉,很自然,周围的人们都据此以为我
们会长期在居里实验室工作下去。但是,我和泽慧的想法很明
确:虽然科学没有国界,科学家却是有祖国的。祖国再穷,是自
己的;而且正因为她贫穷落后,更需要我们去努力改变她的面
貌。"①对常人十分看重的优厚的生活和工作条件,钱三强却看
得十分淡泊。

　　1948年,处于事业巅峰期的钱三强携夫人和年仅半岁的女
儿经过一个多月的海上颠簸回到了各方面条件都无法与法国
相提并论的祖国。实际上,除了治学与探求真理,钱三强对物
质生活毫无要求,一直过着朴素的生活,没有聚敛钱财供儿女
享福的念头。自从搬入中关村后,直至去世,钱三强一直住在
破旧的小楼里,家具设施也极其简朴,大多是20世纪50年代
的旧物。2011年,钱三强的夫人何泽慧院士逝世后,著名记者
郭梅尼赶到钱三强家中采访,对这个眼中的"陋室"有一段感人
至深的描写:"这幢建成于五十多年前的老楼,楼房已经显得非
常陈旧。楼道里光线阴暗,墙壁剥落,楼梯老旧……。卧室不

---

① 钱三强:《徜徉原子空间》,天津:百花文艺出版社,1999年,第113页。

大，约二十多平米。光线阴暗，陈设简朴，没有沙发，没有大立柜，更没有梳妆台、穿衣镜。西边靠墙摆着一张老旧的单人铁床，床上铺放着一床旧床单和一条薄被……。对着房门，放着一个乳白色的五斗柜。可能是年头太久了，油漆已经剥落。"①读来令人肃然起敬。作为一位身居高位且成就卓越的科学家，钱三强摒弃虚荣和风头，坚持实事求是，绝不苟且附和，在荣誉面前始终保持着冷静清醒的头脑。

钱三强在任何场合都把自己放在普通人的位置上，平易谦虚，没有一点架子。他以自己的切身经历和感受告诫有志于从事科学研究的人们："不独要摒弃金钱和名誉的追求，把自己的全部精力都用在真理的探索上，牺牲掉许多常人的物质生活上的享受和'幸福'，而且有时还要冒生命的危险。"②正是在钱三强等老一辈科学家献身科学、淡泊名利精神的感召下，许多我国原子核事业的工作者，长期在条件十分恶劣的环境中艰苦奋斗，甘当无名英雄，即使在"文革"中受到骇人听闻的迫害和摧残，仍然义无反顾，甘心为祖国的繁荣昌盛而继续在艰苦条件中奋斗下去，这种献身科学的精神永远值得我们敬佩和学习。

---

① 郭梅尼：《什么人生是值得追求的？——三识何泽慧》，《科技日报》，2011 年
　　8 月 3 日。
② 钱三强：《徜徉原子空间》，天津：百花文艺出版社，1999 年，第 154—155 页。

四、理论先行、实验并重

自然科学由基础科学与应用科学两个部分组成。其中基础科学处于核心的地位,并与经济、政治、军事等紧密联系。对应用科学来说,它的发展既依赖于科学经济、政治、军事的推动,又受惠于基础理论这一核心的引导。近代科学的历史也完全证实了这一点。17 世纪刚组建不久的英国皇家学会的研究选题就有一半是纯粹理论性的。"在四年中所进行的各种研究不到一半(41.3%)是致力于纯粹科学的。如果我们在这个数字上再加上只与实际需要有间接联系的项目(海上运输41.3%,采矿 17.5%,军事技术 3.6%),那么差不多有 70%的研究与实际需要没有直接联系。因为这些数字只是粗略的近似。结果可以总结为:从 40%到 70%属于纯科学一类;反之,从 30%到 60%,受到实际需要的影响。"[1]"指出下述这一点是有意识的,在本总结所考察的以后年代,在纯科学领域中的研究比例日益增加。"[2]一批具有理论兴趣的卓越科学家如伽利略、开普勒、牛顿、波义耳等进行理论研究是西方近代自然科学顺利起

---

[1] [美]罗伯特·金·默顿:《十七世纪英格兰的科学、技术与社会》,范岱年等译,北京:商务印书馆,2007 年,第 257—258 页。

[2] [美]罗伯特·金·默顿:《十七世纪英格兰的科学、技术与社会》,范岱年等译,北京:商务印书馆,2007 年,第 259 页。

步与发展的必要条件。"中国传统科学技术的长处在于实用技术的发达，而弱点即在于基础理论的薄弱。这一重实用而轻理论的弱点，便是导致中国近代科学技术落后的科学内部因素。"①作为实验物理学家，钱三强一向重视科学实验，同时对基础理论研究也很重视。

从核科学发展理论先行的历史中，钱三强深刻领悟到理论突破对促进实验工作的巨大作用，所以从近代物理研究所开始，他就抓理论工作，注重理论队伍的建设和储备，其远见卓识远在同代人之上。解放初期，中国科学院近代物理所（原子能研究所前身）开始只有十几个人，有两三个是搞场论和宇宙线理论的。每隔一段时间，就有人说这种理论研究没用。当时钱三强顶住了这些短浅之见，理论队伍遂得以逐步壮大。以后发展成原子能的理论骨干，从原子核理论、反应堆、同位素分离、加速器，到应用目的性很强的理论，都是从这个队伍扩大、培养出来的。在我国原子能事业发展中，理论工作没有拖后腿，是走在前面的。若没有那时理论物理的储备，我国的原子弹和氢弹的实现可能要推迟几年。② 1956 年，在党的八大会议上，钱三强做了个人发言："从回顾原子能的发展历史，提出科学技术发展要注重四个环节：基础科学研究、技术科学研究、工程设计

---

① 朱亚宗、王新荣：《中国古代科学与文化》，长沙：国防科技大学出版社，1992年，第 252 页。

② 钱三强：《钱三强科普著作选集》，上海：上海教育出版社，1990 年，第 149 页。

和工业生产。"①并且进一步指出基础科学研究对我国赶上世界科技先进水平的重要性："技术的学习可以在短时期内收到效果,而科学研究力量的生长是需要比较长的时间,因此为使我们的科学技术达到接近世界水平的目标和为了加强我国的近期和远期的建设力量,除了加强工程技术力量以外,还要及早地重视和加强科学研究工作,积累科学储备,也就是说需要一定力量来加强理论的队伍,建立理论的科学中心,使得基础科学中的探索性的研究工作和技术科学中的理论工作都能相适应地发展。"②

1965 年,他组织北京基本粒子理论组,几所大学和研究所的近 40 名科研人员团结协作,在短短 9 个月中,做出了具有中国特色的强子结构"层子模型"。1977 年,钱三强又提出把加强基础理论研究作为一项战略措施来考虑,以促进科学技术现代化的进程。他带头宣传理论物理的重要性,倡议和积极指出建立理论物理研究所。他还亲自主持广州粒子物理理论讨论会,积极开展统计物理与凝聚态物理的学术活动。③ 1978 年 5月,钱三强接受《自然》杂志记者采访,就加强基础科学研究、普及现代科学知识、广泛进行科学交流等问题发表了谈话。在谈

① 葛能全:《钱三强年谱长编》,北京:科学出版社,2013 年,第 268 页。
② 葛能全:《钱三强年谱长编》,北京:科学出版社,2013 年,第 270—271 页。
③ 钱三强:《钱三强科普著作选集》,上海:上海教育出版社,1990 年,第 2 页。

到实验工作和理论工作的关系时，他指出："科学研究包括实验工作和理论工作两个方面。实验工作是基础，是根本的环节，去年制定基础科学规划时，提出很多需要采取的措施，今后将不断大力加强这方面的工作。现在先谈一个尚未被人们普遍认识的问题，这就是理论现代化的问题。自觉地把加强理论研究作为一项战略措施来考虑，把理论现代化作为科学技术现代化一个重要方面来对待，能更好地促进科学技术现代化的进程。"①

其实17世纪英国哲学家培根已深刻领悟到了实验与理性结合的巨大力量："历来处理科学的人，不是实验家，就是教条者。实验家像蚂蚁，只会采集和实用；推论家像蜘蛛，只凭自己的材料来织成丝网。而蜜蜂却是采取中道的，它在庭院里和田野里从花朵中采集材料，而用自己的能力加以变化和消化。……把这两种机能，即实验的理性的这两种机能，更紧密地和更精纯地结合起来，我们就可以有很多希望。"②钱三强在法国留学的后期，个人创造进入了一个黄金期。他在晚年曾经回顾这段经历，认为婚后这段生活，是他一生中精力最旺盛、竞技状态最佳的时期。这固然有科学积累的原因，然而，一个十分重要的原因就是1942年至1943年间，钱三强曾系统地学习

① 钱三强：《科坛漫话》，北京：知识出版社，1984年，第54页。
② ［英］培根：《新工具》，许宝骙译，北京：商务印书馆，1984年，第75页。

了理论物理、了解了哥本哈根学派创始人——丹麦物理学家玻尔所发展的量子力学的概念,使他这位年轻的实验物理学家受到了很大的启发。

　　钱三强作为一个实验物理学家,正是通过系统的理论学习打开了眼界,使他能够站在比实验现象更高的角度来思考问题。用他自己的话来说就是:思想感到"透明"了,两个眼睛"发亮"了。一旦有了这种跃跃欲试的感觉,再能集中精力发动进攻,就会很快收到效果。① 钱三强根据贝特的高速带电粒子穿过物质阻挡而慢化的理论,用云室仔细研究了电子径迹末端的弯曲,并通过理论计算,首先求出了 5 万电子伏特以下的中低能电子的"真射程"与能量的关系,并由此得出电子射程与能量关系的曲线。这一研究成果,既验证了贝特关于带电粒子与物质相互作用的理论,同时也是钱三强理论与实验相联系的一次成功尝试。三分裂的发现则更证明了理论与实验相结合的重要性。诚如钱三强自己所指出的那样:"三分裂的发现史也说明,研究一个问题一定要彻底,浅尝辄止是不行的。我们之所以能够成功,还有几个原因是可以提到的,一个是过程工作的积累,另一个是工作的耐心细致,还有就是实验与理论相结合。"②

---

① 王春江:《裂变之光》,北京:中国青年出版社,1990 年,第 106 页。
② 钱三强:《重原子核三分裂与四分裂的发现》,北京:科学技术文献出版社,1989 年,第 72 页。

　　钱三强在回国后的"大科学"科研管理实践中,进一步认识到理论研究的重要性。他从历史和现实中体会到,"现代科学发展的一种普遍趋势,是人们对微观世界的认识越来越深入,自觉地把加强理论研究作为一项战略措施来考虑,把理论现代化作为科学技术现代化的一个重要方面来对待,能更好地促进科学技术现代化的进程"①。难能可贵的是,钱三强作为一个实验物理学家,却始终高度重视理论研究工作。

　　早在近代物理研究所创建的初期,钱三强就狠抓理论研究,组建了由彭桓武、朱洪元领导的理论物理组,开展关于原子核物理理论以及粒子物理理论的研究。"在他的影响下,原子能所每一新开的学科总是把成立理论组放在第一位。"②我国原子弹、氢弹技术的快速突破更是得力于钱三强对理论预研的重视。受二机部党组的委托,早在1960年秋,钱三强就在原子能研究所组织于敏、黄祖洽、何祚庥等一批理论物理学家,成立轻核理论组,开始对热核材料性能和热核反应机理进行探索性研究,为氢弹研制作了一定的理论准备。我国第一颗原子弹爆炸后,这部分研究人员又直接参加到氢弹的研制工作中去。同时,考虑到理论与实验结合的必要性,在成立轻核理论组后,钱三强随即在原子能研究所又成立了轻核反应实验组,以轻核反

① 葛能全:《钱三强传》,济南:山东友谊出版社,2003年,第479页。
② 钱三强:《钱三强文选》,杭州:浙江科学技术出版社,1994年,第334页。

应数据的精确测量来配合和支持轻核理论组的工作开展。

钱三强认为："自然科学大致可以分为两类：一是研究、发现自然规律的基础科学；一是应用科学。搞基础科学的人数当然不应定太多，但必须要有，并且非有不可……我们搞工业生产，只搞翻版，不搞科研，不能适应现代化建设事业的需要；同样，如果只抓应用科学，不抓基础科学，也不能适应现代化建设的需要，因为没有科学储备，不能掌握新的规律，只能用现成的人人都会应用的规律，这样搞来搞去顶好是跟人家差不多，难以搞出新玩意，特别是不能实现技术革命。"[1]钱三强以科技发展史为例，强调了基础理论研究的极端重要性。"不抓基础科学，就不可能进入电的时代。为什么在十七、十八世纪英国成了世界科学技术的中心？原因之一是他们最先摸出了电磁规律，造出了电机。结果谁要买电机都得到英国去，自然，英国就成了科学技术与工业生产的中心。美国的发展，是由于第二次世界大战大批欧洲科学家流到美国去。当时美国科学技术并不特别发达；科学杂志数量虽然不少，质量并不怎么高。美国走上世界科学的高峰大致是在 1945 年左右。在流入美国的科学家中，有意大利的科学家费米，他当时在欧洲工作很突出，与约里奥-居里有类似声誉。在美国就是由他领导最先应用原子能原理，造出世界上第一个原子反应堆。与此同时他还培养了

---

[1] 钱三强：《徜徉原子空间》，天津：百花文艺出版社，1999 年，第 193 页。

一批学生。这批学生现在大多六十岁出头，正是成熟的时候，他们每个人呢又都带出了一批人。正是由于这样，基础科学在那里开花结果，美国的整个科学技术发展了。"①正因如此，钱三强从战略高度呼吁加强理论研究："总结过去的经验，现在搞四个现代化，应该自觉地把加强理论研究作为一项战略措施来考虑，这样我们就可以促进现代化的进程。"②在强调理论科学重要的基础上，钱三强还敏锐地注意到"科学—技术—工程"一体化的问题。

钱三强曾一再强调实验物理领域中物理和工程相结合的重要性。"这是他在实践中，尤其是考察了列宁格勒的物理工程研究所成功地培养了大量近代物理工作者的情况后得出的重要结论。"他一再告诫我们："现代物理已不是那种凭几块黄蜡或几面镜子就能做实验的物理，物理工作者必须具备现代工程技术知识，至少要和工程专家有共同的语言，能相互结合，才可能大有作为。在他这种思想指导下，建立了清华大学的工程物理系和中国科技大学。"③

同时，钱三强对有些基础科学工作者觉得高人一头的思想进行了批评。他指出："科学发展到今天，不可能很明确地分什么是理论科学，什么是应用科学；什么是基础科学，什么是技术

---

① 钱三强：《徜徉原子空间》，天津：百花文艺出版社，1999年，第193—194页。
② 钱三强：《科坛漫话》，北京：知识出版社，1984年，第122页。
③ 杨桢：《纪念钱三强老师》，《现代物理知识》，1994年第4期。

科学。有些人以为自己是所谓的基础科学工作者,比人家高一头,并且总不愿意做些结合人民需要的工作,他说:'我是为了追求解决自然的奥秘啊!'用这种方法来为他的为科学而科学的态度找借口。今天看起来很清楚,假如人造卫星没有先进的技术,那么,怎么能够为基础科学做出很大的贡献呢?反过来说,没有很多的基础科学的贡献,怎么能造出人造卫星呢?如果说过去资产阶级科学工作者把科学分得那么清清楚楚,我们还自封为是这个那个的话,那么今天应该彻底打破这样的陈腐的思想了。"①长期以来,由于各种各样的原因,我国对基础研究与应用研究的平衡协调发展缺乏真切的了解,因而极易在复杂的社会环境中产生各种各样的认识偏差与操作失误。这种局面无论是对我国现实国情的迫切需要而言,还是就我国科学技术的长远发展战略来说,都是极为不利的。钱三强早在六十多年前就提出基础研究与应用研究应平衡发展,不能顾此失彼,不能不让我们钦佩其独到眼光。

　　钱三强理论与实验并举、理论联系实际的治学风格得益于钱三强早期的科研工作经历和导师约里奥的告诫。20世纪三四十年代是核物理发展的黄金年代,几乎每年都有重大科学发现。正是在这样一个激动人心的年代,钱三强走进了核物理科

---

① 钱三强:《苏联的榜样指出只有社会主义制度才能保证科学事业的迅速高涨》,《科学通报》,1957年第21期,第657页。

学的殿堂并来到了世界顶尖原子核科学研究基地。由于置身
原子核科学研究中心并亲身经历过原子能发现过程的一些片
段,钱三强对原子核科学的发展历史可谓了如指掌,回国后钱
三强与夫人何泽慧还撰写过《原子能发现史话》的科普文章。
从这段历史中,钱三强深刻认识到原子核科学发展的历史就是
一部理论与实验相互依赖、密不可分的历史。

　　实验上的发现既是提出理论的基础,又是检验理论的手
段;理论既是设计实验的出发点,又是分析实验结果、解释实验
现象的有力工具。没有实验上的新发现就难有理论上的大突
破,没有理论上的进一步分析和认识,就难以做出新的发现。
正是由于放射现象的发现,以及用 α 粒子轰击原子等一系列实
验上的重大发现,才有可能提出正确的原子有核模型理论、原
子蜕变理论等;原子核是由质子与中子组成的概念,也是由于
实验证明预料的结果与实验相符才成立的;同时,又正是由于
按照理论的分析,选择适当的实验手段和方法,如采用中子作
为轰击原子核的炮弹等才能做出进一步的重要发现。与钱三
强归国道别时,约里奥特别以法国的某些经验教训提示钱三
强:"能联系实际的理论物理学家,有着特殊的重要性。法国理
论物理学家德布罗意(P.R.de Broglie),因为发现粒子与波动之
间关系的基本概念,获得了诺贝尔物理学奖,现在是我们法国
原子能委员会的技术顾问。但他的学派不大结合实际,因而对
原子能工作起的作用不大。希望今后要注意理论的重要性,特

别是理论与实际相结合。"①

五、重视交流、善于合作

学术交流的范围很广,既包括科学共同体在国际范围进行学术研究和探讨,也包括国内同行,甚至一个研究室内部的交谈和商讨。从 20 世纪 20 年代开始的数十年间,玻尔研究所的所在地哥本哈根一直是"原子物理学的首都"和物理学家的"麦加",据曾在哥本哈根工作过的杨福家教授的统计,在 20 世纪 20 年代到玻尔研究所工作一个月以上的学者共 63 人,来自 17 个国家,其中 10 人先后获得诺贝尔奖金。② 玻尔研究所为什么能取得如此辉煌的成就呢? 从其学术交流的广度可见一斑。在哥本哈根学派看来,科学工作者的讨论与实验同等重要。"科学基于实验,但是,只有通过科学工作者的交谈、商讨,才能使实验结果获得正确的解释。……科学扎根于讨论。"③不同观点和思想的交流有利于产生创造性的新思想。正是 1926 年底至 1927 年初,玻尔与海森堡的持久的近似争吵的交流促成了著名的测不准原理的诞生:"玻尔与海森堡夜以继日地探讨量子力学的本质。理想实验一个一个被提出来,各种解释一个个

① 葛能全:《钱三强》,杭州:浙江科学技术出版社,2008 年,第 57 页。
② 朱亚宗:《近代科学思想史论》,长沙:湖南教育出版社,1988 年,第 286 页。
③ 王福山:《近代物理学史研究》,上海:复旦大学出版社,1983 年,第 46 页。

被驳倒。在研究所顶层海森堡居住的阁楼里,灯光通明。玻尔认为关键是对波粒二象性的理解,海森堡则认为需要一种数学形式来体现量子力学的本质。两人争论了几个月,筋疲力尽。"随即,奇迹便发生了:海森堡在一次深夜散步的时候,萌发了测不准关系的思想,而玻尔从挪威度假回来后提出了互补原理。构成量子力学哥本哈根解释支柱的测不准关系与互补原理是在哥本哈根的思想撞击中迸发出来的两道耀眼的辉光。①

钱三强的学术成长经历本身就是国际学术交流的一个成功范例。钱三强早年参加中法教育基金委员会组织的公费留法考试,考取巴黎大学居里实验室镭学研究生名额,并在法国取得杰出科学成就。居里实验室一向重视研究人员间的交流与合作。钱三强到居里实验室的时候,奥地利的哈尔班,波兰的柯伐斯基,意大利的庞德科沃等已在那里。在约里奥和伊莱娜两人领导下,大家合作得很融洽,是一个非常好的国际科学集体。值得一提的是,钱三强还是"二战"后英法恢复科学交流后最早派出的互访学者之一。伊莱娜和约里奥当时交给他的任务主要是到英国布里斯托大学向鲍威尔学习原子核乳胶技术,以便在法国应用这种新的探测技术,钱三强因此成为法国研制和应用核乳胶技术的开创者。个人成功的实践经验,使钱三强意识到学术交流的重要性。他认为:"科学研究要经常交

---

① 朱亚宗:《近代科学思想史论》,长沙:湖南教育出版社,1988年,第286页。

流才能开阔思路,取长补短,获得进步。这就好像打乒乓球一样,经常比赛就进步快些。"①在他看来,交流与协作则主要包括:学术思想及时通气,研究课题彼此协调,科学仪器共用,各种资料的交换,等等。

新中国成立后,钱三强多次率团到苏联进行学术考察和交流。1953 年,钱三强曾以代表团团长的名义率中国科学院访苏代表团在苏联各地进行了广泛的考察,了解和学习苏联如何组织和领导科学研究工作,特别是十月革命后,苏联科学院如何从旧有基础上发展和壮大的经验;了解苏联科学的现状及其发展方向;就中苏两国科技合作交换意见。② 这次访苏对中国科学院以后几年的工作有很大的推动作用,如中苏间的科学技术交流,特别是中国科学院各研究所陆续派出大批青年研究人员到苏联科学院有关研究所、大学学习或进修,科学家频繁互访等。

1955 年,钱三强以团长身份率领有近 40 人的"热工实习团"赴苏联,主要就反应堆物理和技术、加速器实验技术等进行学习和考察,并参加重水反应堆和回旋加速器的设计审查,接洽中国在苏实习人员的专业分配等。"热工实习团"在苏学习考察数月,顺利完成了任务,为后来国内工作开展打下了良好

---

① 钱三强:《徜徉原子空间》,天津:百花文艺出版社,1999 年,第 203 页。
② 葛能全:《钱三强年谱》,济南:山东友谊出版社,2002 年,第 101 页。

基础。① 在苏期间,钱三强还参加了旨在加强社会主义国家原子能科学交流合作的杜布纳联合原子核研究所的成立大会,后来他还以中国政府代表身份到杜布纳出席成员国例会。我国科学工作者和各成员国的科学工作者一起,为该所的发展做出了贡献。其中突出的是王淦昌领导的研究小组发现了反西格玛负超子。参加这项研究工作的除王淦昌,还有丁大钊和王祝翔,以及苏联与其他成员国的部分科学工作者。周光召在联合所工作期间对盖尔曼等人提出的部分赝矢流守恒定律(PCAC)给以较严格的理论上的证明,这一观念直接促进流代数理论的建立,并对弱相互作用理论起了重要促进作用。王淦昌、周光召回国后就参加了核武器方面的研制工作。联合所的广泛交流与合作,对我国培养核科学人才起到了良好作用。

1977 年,钱三强担任中国科学院副秘书长时,根据分工,他主要负责全院科研业务和国际学术交流工作。随后,他通过加强国际交流合作,组织和筹划了合肥托卡马克-8 号装置、同步辐射加速器等几个大科学工程。1979 年,钱三强在山东青岛主持"生物学未来"学术讨论会,在讲到科学研究的交流与协作时,他指出:"国外科学界非常重视相互交流。我们往往习惯各把一摊,老死不相往来,甚至彼此'保密'的情况还普遍存在。有这样的情况:本组打交道,不如和外组打交道方便;本所打交

---

① 葛能全:《钱三强年谱》,济南:山东友谊出版社,2002 年,第 122 页。

道,不如和外所打交道方便;本国打交道,不如和外国打交道方便。这是极不正常的,需要共同努力去改变它。"①正是基于这样的观点,钱三强想方设法加强与国外的学术交流合作,努力促进我国科技发展。20 世纪 80 年代初,钱三强在担任中美高能物理联合委员会中方主席期间,与美方主席李斯共同签订了中美高能物理合作项目计划(1982—1983),促进了我国高能物理的发展。

改革开放后,钱三强还多次到国外考察访问。在考察中,他注重了解各国科学技术发展的历史和现状,带回了国外值得借鉴的经验,为促进我国与国外科学技术的交流和合作做出了贡献。除了加强与国外的学术交流,钱三强亦非常注意国内同行间的学术交流。"文革"后我国理论物理学界第一次学术会议——黄山基本粒子座谈会就是钱三强和周培源促成的。此后两三年,基本粒子领域的几个不同规模和主题的会议,在钱三强发起和主持下陆续举行,使这个领域的研究很快活跃起来,并显见成效。这些会议是:1978 年 8 月中国物理学会年会期间,在庐山举行的基本粒子分会会议;同年 10 月在桂林举行的微观物理思想史讨论会;1980 年 1 月在广州(从化)举行的基本粒子物理理论讨论会等。② 值得一提的是,钱三强积极促

---

① 葛能全:《钱三强年谱》,济南:山东友谊出版社,2002 年,第 246—247 页。
② 葛能全:《钱三强传》,济南:山东友谊出版社,2003 年,第 481 页。

成了诺贝尔物理学奖得主李政道、杨振宁等国际著名学者来华参加广州(从化)基本粒子物理理论讨论会,这是"文革"后我国举办的第一次国际性的大型学术讨论会。会议开得非常成功,共收到学术论文112篇,其中中国大陆学者提交的学术论文有84篇,包括朱洪元、何祚庥、戴元本等的《层子模型的回顾》,彭桓武的《衰减中的谐振子的量子力学的处理》,周光召的《论封闭时间路程格林函数方法》等。基本粒子物理理论讨论会对促进我国粒子物理理论研究工作产生了重要影响;也使世界上的华人物理学界都认识和承认了国内粒子理论物理研究的水平和力量。会后,邓小平在北京人民大会堂会见并宴请了出席广州(从化)粒子物理理论讨论会的海外学者和大陆学者代表,从此开启了"文革"后大批国内理论物理学者赴美访问和研究,同时也为访问学者和留美研究生开辟了出国交流的通道。

人类科技史表明,绝大多数成功的科技人才都有良好的团队合作精神。在20世纪40年代中期,钱三强试探性讲到想在伦敦帝国学院汤姆孙实验室做些工作时,汤姆孙向约里奥写信求证钱三强的个人品德时,提到了在科研中处理好人际关系的重要性。汤姆孙这样写道:"我们不时发现某人在科学上有重大成就,但他却不断与身边的同事发生矛盾。这样的实例你我都可在一些名人中找到。因为我们研究室将会有许多新人加入,并且重新开始研究活动,将会遇到许多困难,因此,我很不愿意使自己困扰在这类麻烦之中。很可能我的担忧是多余的，但是如果我有机会接受他来工作的话，我将会在这方面加以注意。"①

　　钱三强在科学领域的重大建树很大程度上可以说是科研合作的结果。以发现重核原子三分裂、四分裂现象为例，该科学现象的发现就是钱三强和夫人何泽慧以及他的两位助手——法国青年研究生沙士戴勒和微聂隆携手攻关、精诚合作的结果。这是一种小范围的合作。我国原子弹、氢弹研制中的科技管理工作，则让钱三强兼备重大工程大规模合作的经验。正因为如此，钱三强深刻意识到科学合作的重要性，并在《重原子核三分裂与四分裂的发现》一书的结束语中意犹未尽地谈道："重大的科学工作，总是一个集体型的工作，需要走许多弯曲的道路，需要许多国家的科学家们一棒接一棒地把科学工作推向前进，没有不成功的尝试，成功的结果也得不出来。因此，最后的成功总是包括过去不成功者的努力。至于在共同从事一项课题的小集体中，更加需要意见的一致和配合的默契。这绝不是说不能有争论。科学上不同意见的争论不但无害，而且必不可少。在激烈的辩论中往往会出现新思想的闪光。但争论应是为了弄清问题，为了更好地进行工作。摩擦和内耗是要不得的，精诚团结与协作才真正能做出有意义的工作。越是有

①　葛能全:《钱三强传》,济南:山东友谊出版社,2003 年,第 160 页。

重大意义的工作,越要提倡大力协同的精神。"①

科学研究的合作有基础研究中松散的小范围合作与重大工程中严密的大规模合作之分,二者既有相通之处,亦有很大不同。费米、钱学森、周光召等科技帅才,既善于松散的小范围合作,又适于严密的大规模合作,爱因斯坦、佩雷尔曼等科学奇才却只适合松散的小范围研讨式合作。合作的智慧在于综合研究工作的性质、自身的特点和合作的对象,或融入团队,或个别研讨。科学发展的长河中,历来不乏佩雷尔曼这样独来独往的独行侠,只需必要的文献资料,无须直接与人合作,却能一举证明百年数学难题彭加勒猜想而荣获 2006 年菲尔兹奖。这样的奇才令人惊赞,却无法为绝大多数科技人才所仿效,因此科研合作几乎成为人人必备的智慧。

六、学术民主、百家争鸣

众所周知,科学事业的关键是人才,世界科学史表明,大批能干的科技人才,以及杰出科学家的成长和造就,只有在浓厚的学术气氛中才能实现。钱三强认为,过去在学术领导工作

---

① 钱三强:《重原子核三分裂与四分裂的发现》,北京:科学技术文献出版社,1989 年,第 91 页。

上,我们有成功的地方,也有失败的地方。① 一个深刻的教训是:用行政命令的方式强行推行一种学派,只允许一种学派存在,是不利于科学发展的。如遗传学问题,解放初期我们受了苏联的影响,有片面性,有形而上学,支持米丘林学派,反对摩尔根学派。后来的科学实践证明,基因是客观存在的,基因学说是正确的。可见,用行政命令的方式强行推行一种学派,只允许一种学派存在,是不利于科学发展的。

在科学中没有禁区,没有绝对的权威,也没有千古不易的定论和所谓"终极真理"。科学上的是非只能通过自由讨论和学术争鸣来解决,必须排除外来的干预和习惯势力的阻挠。社会学家默顿提出科学活动的五项规范。其中普遍性规范要求学术民主的体制。竞争规范要求提倡百花齐放,百家争鸣。"政治上的民主和学术上的百家争鸣是科学繁荣的必要保证。"②特别是进行现代科技体制下的学术研究,必须有充分的民主氛围,使每个有志学术的研究者在人格上得到尊重,在真理面前人人平等,使他们能够真正地敞开思想自由讨论、自由探索。唯有在这种宽松的学术民主风气下,每个人的创造性冲动和探求欲,才能最大限度地发挥出来。

众所周知,国际著名学术中心都是非常注重学术民主的。

---

① 葛能全:《钱三强传》,济南:山东友谊出版社,2003 年,第 482 页。
② 钱三强:《科坛漫话》,北京:知识出版社,1984 年,第 90 页。

来自世界各地的科学家可以对共同感兴趣的学术问题展开自由讨论。科学家都感到在学术民主的研究中心工作一年或半年,思想就活跃了,会受到许多启发。如丹麦物理家玻尔领导的理论物理研究所,作为现代量子力学的研究中心,不仅形成了著名的哥本哈根学派,而且还先后培育出了十几位诺贝尔奖获得者。一些著名的思想成果,如测不准原理、海森堡方程等,都是萌发于此。为什么玻尔领导的丹麦理论物理研究所能够成果辉煌、群星辈出呢?玻尔认为其主要原因,就是他们自觉地形成了民主的学术风气。①

1961年5月,玻尔最后一次访问苏联,当他在一次讨论会上做报告后,有人问他,为什么你能在自己周围聚集那么多具有创造性才能的青年物理学家?玻尔回答说:"可能因为,我从来不感到羞耻地向我的学生承认——我是傻瓜。"但是朗道的亲密合作者栗佛席茨将玻尔的话错译为:"可能因为,我从来不害臊去告诉学生——他们是傻瓜。"当时在场的著名物理学家卡皮查深刻指出,这个误译并非完全出于偶然,"确切地说,玻尔和朗道两个物理学派的不同之处,就在于此"②。缺乏足够民主作风的朗道,曾经因为压制沙皮罗的一篇创造性论文而使苏

---

① 张浩:《学术民主与创新思维》,《晋阳学刊》,2004年第2期。
② 中国科学院自然辩证法通讯杂志社编:《成功与失败——科学人物评传》,北京:中国科学院自然辩证法通讯杂志社,1980年,第79—80页。

联物理学家错过了一次获得诺贝尔奖金的机会。①

　　钱三强具有在国际著名学术中心居里实验室长期学习工作的经历,深谙学术民主、学术争鸣对科学创造的重要性。如量子力学中曾经争论过"波"是什么? 起初人们提出了很多看法,但都没有超出宏观世界波的概念,争论到最后,才有"几率"的概念出现。由此可见,发扬学术民主很重要,没有学术民主,没有反复的辩论,就不能发展科学真理,就没有科学。其实,生活中的钱三强就是一个作风民主的人,采访过钱三强的《安徽日报》记者王春江在撰文回忆道:"钱老很谦虚,从来不强迫别人接受自己的观点,即使与下级、与小青年讨论问题,也一贯以平等的态度来对待。对许多重大问题,他有坚定的看法,但是,从来不绝对化。即使确认自己的意见是正确的,仍然要打上一两个问号,以待继续检验、考察。"②钱三强很自然地把这种民主作风带到了科研中,他极为注重在科研实践中实行学术民主,百家争鸣。据黄胜年、顾以藩回忆,钱三强和何泽慧在苏联与他们多次参加学术报告会时,"总是注意引导和鼓励年轻人自己去讨论。即便发言,也是以普通听众的身份和平等的态度。这种态度,使与会的人思想放开,积极考虑问题。讨论在

① 朱亚宗:《近代科学思想史论》,长沙:湖南教育出版社,1988 年,第 287 页。
② 王春江:《放眼世界谈风云　关怀学子论人生——钱三强的最后一次谈话》,《党史纵横》,2004 年第 3 期。

多数人之间展开,更加活跃。有时争论得面红耳赤,疑难问题易于得到解决,而每个人都在这种讨论中提高了科学水平"①。

　　除了自己做到学术民主,钱三强还在不同场合多次强调要鼓励科技人员创新就必须发扬学术民主,活跃自由讨论的空气,提倡学术上的"百家争鸣",各抒己见。他在 1980 年 7 月为中央书记处开设"科学技术知识讲座"第一讲的讲稿中,曾提出"政治上的民主和学术上的百家争鸣是科学繁荣的必要保证"。钱三强以高能物理理论的发展为例,指出了学术民主对促进科学发展的重要性:"高能物理理论是探索性很强的基础性的研究工作。现在各国关于这方面的探讨十分活跃。在这个过程中,必然会出现不同学术见解的争论,这不是坏现象。矛盾出来了,才能逐渐找到解决的办法……发扬学术民主很重要,没有学术民主,没有反复的辩论,就不能发展科学真理,就没有科学。所以要提倡百家争鸣,反对旧的文人相轻的恶习,反对互相贬低、嘲笑。要尊重别人的意见,允许保留不同的意见,不要搞强迫命令。"同时,钱三强认为:"自然科学有它自己的客观规律。发扬学术民主,开展百家争鸣,就是为了依靠集体智慧,及时准确地把握科学发展的规律,抓住新的苗头,明确一个时期的主攻方向,并在思想认识一致的基础上,集中必要力量,形成重点,抓紧抓好,这样会更有效地取得较好成果。"②

---

① 黄胜年、顾以藩:《我们所知道的钱三强和何泽慧先生》,《物理》,1997 年第 6 期。
② 钱三强:《科坛漫话》,北京:知识出版社,1984 年,第 157 页。

结语　继承和弘扬钱三强的爱国主义精神

虽然科学没有国界,科学家却是有祖国的。祖国再穷,是自己的;而且正因她贫穷落后,更需要我们去努力改变她的面貌。

——钱三强

钱三强从我国发展原子能事业所取得的成就和经验中,深刻地感受到:科技工作者怀着为国家的强盛、人民的幸福、社会主义的新中国要屹立于世界民族之林的强烈愿望,这种愿望转化为行动就成为一种强大的力量。学习和研究钱三强的爱国言行,探索钱三强爱国主义精神形成的原因,弘扬钱三强的爱国主义精神,对振奋民族精神、增强民族凝聚力,为实现我国民族复兴提供强大的精神动力具有重要的现实意义。

一、钱三强爱国主义精神的发展轨迹

钱三强从一个对祖国和人民怀着朴素情感的懵懂少年,成长为以国家民族需求为己任的大科学工程的领军科学家,其爱国主义思想经历了从萌芽到发展再到升华的过程。

(一)朴素爱国主义阶段

1937年留学法国以前,钱三强处于朴素爱国主义阶段。这种自然、朴素的爱国主义是乡土情怀、家庭教育、环境熏陶综合作用的结果。

钱三强出生于浙江绍兴。绍兴自古人杰地灵,名家辈出,近代以来更是如此。巾帼英雄秋瑾、学界泰斗蔡元培、文学巨匠鲁迅、一代伟人周恩来,这些名字与绍兴紧紧联系在一起,成为绍兴人的骄傲。钱三强生于斯,长于斯,家乡优秀的文化传统包括爱国主义思想无疑对其有潜移默化的影响。正如钱三强自己所言:"我从九个月起,就被父母带到北京,以后几十年来,由于学业繁忙,工作紧张,在1959年才因公第一次回故乡。然而,不论是在他乡学习的时候,还是在异国漂泊的日子;不论是在法国居里的实验室,还是在回国后领导科研的工作中,故乡总是时时牵挂着我的心。我还清楚地记得孩提时代父母亲讲的一个个发生在故乡的感人肺腑的故事。其中秋瑾女扮男装干革命,视死如归,英勇就义的故事……至今还在脑海中留下深刻的印象。我在故乡生活的时间是短暂的,但故乡的一切都在熏陶着我。"

父亲钱玄同是思想上极为开明的一位"新文化运动"的健将和具有爱国主义思想的国学大师,他注重培养子女爱国、科学、民主、自强、进取的精神,并且从不干涉子女的选择。同时,父亲大义凛然的爱国主义精神,一直对他起着深刻的教育作用。在这样的家庭环境中,钱三强自幼便受到新思想、新文化、新观念的熏陶。中学时期就接触到了《三民主义》《建国方略》等进步书籍,其中孙中山在《建国方略》中设计的实业计划给他留下深刻的印象,并且受此启发而立志要学工科。据钱三强回忆:"早在十五岁那年,我还在蔡元培先生任校长的孔德学校读书,这是北京大学教授的子弟学校(现改名为北京市第27中学)。有一天,我读到孙中山先生著的《建国方略》,书中把未来中国的蓝图描绘得十分鼓舞人……朦胧中感到有责任响应孙先生的主张。要使国家摆脱屈辱,走向富强,除去建立强大的工业,发展先进的科学技术,别无他途。于是我决心学习数学与物理,以备考南洋大学(即后来的上海交通大学)学电机工程。"①

钱三强思想观念形成的青年时期，也恰恰是国难深重之时。诚如钱三强自己所说："当时生活在反对帝国主义、封建主义压迫的时期，因此产生了爱国主义思想，要求祖国富强的愿望促使我走上工业救国、科学救国的道路。"②虽然此时钱三强的爱国主义思想还处在自然、朴素的阶段，但他从血与火的斗争事实中，特别是"一二·九"爱国主义运动中受到了锻炼和启发。

(二)科学主义占主导阶段

留学法国的十一年(1937—1948)，钱三强受到华侨中进步思想的影响(周恩来、邓小平、陈毅、李富春、聂荣臻等曾在法国勤工俭学并且建立中共旅法组织)，同情和支持中国共产党办的《救国时报》，反对国民党的《三民导报》。1945年10月，经过中共驻法支部的安排，钱三强在英国见到了邓发同志，了解到延安大生产运动中"自己动手、丰衣足食"的精神，并且看到了毛泽东的《论联合政府》。与此同时，由于处在科学家科研工作的"黄金期"，钱三强将主要精力扑在科研上，并取得了举世

① 钱三强：《徜徉原子空间》，天津：百花文艺出版社，1999年，第110页。
② 葛能全：《钱三强传》，济南：山东友谊出版社，2003年，第55页。

瞩目的科研成果,可以说这一阶段在其思想中占主导地位的是科学至上的科学主义。

这一时期,国际国内政治都发生了巨大的变化,缺乏政治阅历的钱三强的确对眼前发生的许多政治问题不甚明白。当然,限于时间和精力,他也不想弄清楚这些复杂的政治问题。他只是"照常地做研究工作,对于国内战争发展很关心,但因为想到回国服务有期,也不过分忧虑,只是专心于科学工作。"① 钱三强后来在《自传》中说明自己当时不要求入党的原因时谈道:"他(指邓发——引者注)曾问我为什么不入党,我的理由:第一,从来只参加运动不参加组织;第二,现在科学研究正在热头上,若入党后即不可能全力做科学工作;第三,从前对革命一无贡献,若入党总应该先做些工作,不然的话是拣现成;第四,感觉自己在留学生界还有些小名声,若无党籍,说共产党好容易起影响,若有党籍,影响反而不大。其实这些理由中的最要紧的理由是怕入了党,耽误时间,耽误了科学研究,因为这个时期正是我的科学产量增加的时候,主要的根源还是脱不了个人打算,觉得参加政治工作占去时间,对我的科学工作来说是种损失,而没有想到政治工作对人群大众的利益。"②

1947年春,中共巴黎支部的孟雨再一次问钱三强是否愿意

---

① 葛能全:《钱三强传》,济南:山东友谊出版社,2003年,第146页。
② 葛能全:《钱三强传》,济南:山东友谊出版社,2003年,第149页。

入党,钱三强回忆说:"我当时因为舍不得热头上的科学研究,知道巴黎支部人并不多,也不太强,若参加了,一定要做许多工作,因此必然要放弃科学研究。盘算打了好久,还是舍不得科学研究而同孟雨说:'暂时不参加,但所有一切要我做的工作,我都可以做。'"①

(三)自觉爱国主义阶段

新中国成立后,钱三强的爱国主义进入自觉阶段。在这一时期,钱三强加入了中国共产党,他把科学报国与实现国家的繁荣富强、实现共产主义的崇高理想结合起来,使爱国主义思想得以进一步升华,达到了人生中一个从未有过的高度。

钱三强早在33岁时即完成了核物理研究领域的经典文献《论铀三分裂的机制》,成为一位具有世界声誉的实验物理学家,如果继续一心一意扑在科研上,无疑在核科学领域会更有建树。然而,回国后,他无条件地服从党和国家的需要,放弃自己先前一直舍不得放下的科研工作,以主要精力从事科技组织管理工作,以自己杰出的科学组织才能为国家奉献力量。

从1949年12月钱三强写给约里奥-居里夫妇的信中可以看到,刚开始,钱三强还是有点担心过多的行政工作会影响自

① 葛能全:《钱三强传》,济南:山东友谊出版社,2003年,第154页。

己的科研工作。"我的工作主要是从事科学领域和青年方面的工作。有的时候我感到有一些担心，因为我不知道是否还可以重新回到我的科研工作中，但从另一方面说，我知道人民的胜利不是件容易的事情，为了能取得彻底的胜利，每个人都有责任献出一份力量。有很多爱国同胞为此做出了牺牲，如果我能够用我一生的某个阶段来参加国家的重建工作，我这也是'为胜利而牺牲'。"①但显然钱三强此时已经抱定决心为国家的重建工作而牺牲一切，为了祖国需要，即便放弃自己的科研工作也在所不惜。

作为一位极具才能的科学工作者，钱三强在法国工作的 10 年间，先后发表了 30 余篇科学论文，是那一时期有名的科学论文高产者。然而新中国成立以后，他忙于完成党组织委托于他的各项任务，以至于不得不放下他所心爱的科学工作。情况正如他的学生何祚庥院士指出的那样："有些青年同志不能理解，说他'红而不专'，其实正是三强同志以他在个人科学工作上的牺牲，换来了造就一大批又红又专的新一代的原子能方面科技工作者。'个人利益服从于党的利益'，'做一个又红又专的科学工作者'，这正是三强同志激励自己的信条。"②

解放初期，党中央特别是周恩来总理给钱三强多次机会扩

---

① 葛能全：《钱三强传》，济南：山东友谊出版社，2003 年，第 77 页。
② 何祚庥：《回忆钱三强同志在原子能科学技术中的重大贡献》，《自然辩证法研究》，1992 年第 8 期。

大视野，参加和大（世界人民保卫和平大会）的会议和工作；1952年参加调查在朝鲜和中国细菌战事实国际科学调查委员会的工作，给了钱三强很大的教育，在残酷的事实面前，正直的科学家们都证实美国进行了细菌战，有力地支持了正义。从这里钱三强体会到在科学问题上还有立场问题。虽然科学没有国界，但科学家却是有祖国的！因此，他于1952年年底提出了入党的要求，1954年1月经批准加入中国共产党。

1955年中央做出大力发展原子能事业的决定后，钱三强以国家民族需要为己任，想国家之所想，急国家之所急，在原子弹、氢弹研制的工程管理中合理调度，大力协调；在理论研究中，预先布局，未雨绸缪；在人员配备上，排兵布阵，运筹帷幄。钱三强作为原子能研究所所长，以全国一盘棋的观念积极大方地向外举荐人才，在二机部需要调动本单位的人时做到要人给人，没人就培养人，丝毫没有本位主义思想。

1959年6月苏联政府撕毁合同，撤退专家，使多年来受欺辱的中国人民，激发出强烈的爱国主义精神，个人兴趣服从国家需要，激发出强烈的爱国主义精神。钱三强在1990年向中科院办公厅秘书处支部递交的个人总结中写道："我作为这场实践中的一员，尽管肩负的任务很重，遇到的困难很多，但想到自己不单是一个科学工作者，而是共产党员，我没有任何理由不响应党中央的号召，为新中国的科学事业特别是自己专长的原子核科学事业奉献出一切！再说多少年来所盼望的中国人扬眉吐气的这一天,终于在共产党的英明领导下,经过我们共同努力实现了,我感到无比幸运!"从这里,我们不难理解为什么他甚至把原子能研究所的两位得力副所长王淦昌和彭桓武也推荐到二机部参与原子弹研制。

据统计,自1959年至1965年7月,原子能所共输送出科技人员914人,其中正副研究员、正副总工程师28人,助理研究员和工程师147人,研究实习员、技术员712人。同时,还为二机部内各院、所、厂培训了1706名各种科技人员。此外,自1958年以来,原子能所为全国有关的高等院校等单位培训了1185名科学技术人才(其中包括到研究所实习的研究生和大学生)。① 同时,先后从原子能所派生或援建了中科院高能物理所、兰州近代物理所、天津理化研究院、西南物理研究院、太原中国辐射防护研究院等十多个核工业或中科院系统的科研生产单位。正如原中央顾问委员会副主任、第三机械工业部首任部长宋任穷在其《回忆录》中所言:原子能研究所这个基地,在我国原子能事业建设和发展中,特别是对于原子能科技骨干的培养、起到了"老母鸡"的作用。

---

① 葛能全:《钱三强传》,济南:山东友谊出版社,2003年,第374页。

二、钱三强爱国主义精神溯源

作为一名爱国科学家，钱三强总是自觉地把自己的选择与国家、民族的命运紧密相连。钱三强爱国主义思想的形成，主要有以下几方面的原因。

（一）家庭环境的熏陶

据考证，钱三强是五代时期吴越国君钱镠的后嗣。钱镠为吴越王时，正是五代十国的混乱时期，战乱频仍，但他采取保境安民的政策，鼓励农耕、兴修水利、兴佛重教，使吴越国在十国中国运最长久，人民最安宁，经济最发达。联系钱三强、钱学森、钱伟长当年的爱国情操和壮举，显然也是受到钱氏家族先人的教导和影响。

钱三强出生于三世业儒的书香世家。祖父钱振常系清代同治年间进士，曾任吏部主事，晚年任浙江绍兴书院山长。父亲钱玄同早年留学日本早稻田大学，受到章太炎、秋瑾等革命党人进步思想的影响，参加了同盟会，主张推翻清朝统治。1910 年回国后，先在一些著名的中学任国文教员，后到北京担任北京师范高等学校和北京大学教授，是中国近代著名语言文字学家，"五四"新文化运动的倡导者之一。他接受陈独秀邀请担任了《新青年》的轮流编辑，倡导文学革命，提倡白话文，成为宣扬新文化，攻击封建主义，提倡民主、科学的勇士。同时，钱玄同还是一位思想开明者和爱国者。在这样的家庭环境中成长起来的钱三强，从小就接受了良好的教育和进步思想的熏陶。

据钱三强回忆："父亲给我们的课外读物……不仅丰富了我们的课余生活，还开阔了眼界，养成读书的习惯，对于写作也有一定的帮助。""你们将来学什么，我不包办代替出主意，由你们自己去选择。但是一个人应该有科学的头脑，对于一切事物，应该用自己的理智去分析，研求其真相，判断其是非、对错，然后定改革的措施。……对于社会要有改革的热诚，时代是往前进的，你们学了知识技能就要去改造社会。""父亲从我们小时候就教给我们向前看，应该多接受先进的思想，接受新事物，不可保守。"①"学以致用，报效祖国"，这是钱玄同教育子女的口头禅。他还在文章中这样写过："教育是教人研究真理的，不是叫人做古人的奴隶的。教育是教人高尚人格的，不是叫人干禄的。教育是改良社会的，不是迎合社会的。"②钱三强青少年时代便从国学大师的父亲那里接受了深厚的传统文化教育，一直以父亲强调的"学以致用，报效祖国"这两句话为座右铭。

---

① 钱三强：《徜徉原子空间》，天津：百花文艺出版社，2000年，第9页。

② 王春江：《裂变之光——记钱三强》，北京：中国青年出版社，1990年，第43页。

1933年3月,承德失陷后,钱玄同因为国难深重、忧心不安而一度谢绝宴饮。1933年初,钱玄同在给黎锦熙的信中辞谢符定一的吃饭邀请,解释说:"缘国难如此严重,瞻念前途,忧心如捣,无论为国为家为身,一念忆及,便觉精神不安,实无赴宴之雅兴也。"①同年5月7日,师大研究院毕业生宴请导师,钱玄同"照例谢绝",只参加了饭后的摄影。1933年6月6日,他写信给胡适,要为即将参加第五届太平洋国际学会的胡钱行,信中解释了之前谢绝宴饮的原因。"我从热河沦陷以后,约有三个月光景,谢绝饮宴之事。我并非以国难不吃饭为名高,实缘彼时想到火线上的兵士以血肉之躯当坦克之炮弹,浑噩的民众又惨遭飞机炸弹之厄,而今之东林党君子犹大倡应该牺牲糜烂之高调,大有'民众遭惨死事极小,国家失体面事极大'之主张。弟对于此等怪现象与新宋儒,实觉悲伤与愤慨,因此,对于有许多无谓之应酬实不愿参与,盖一则无心谈宴,一则实不愿听此等'不仁的梁惠王'之高调也。"②"七七"事变后,不少学界名流卖身事夷,苟且偷生。而钱玄同基于爱国立场,与此恰成鲜明对照。他拒绝伪聘,曾向从西北联大来北平的师大原秘书汪如川说:"请转告诸友放心,钱某决不做汉奸!"1938年,钱玄同恢复旧名"夏",是表示"夏"而非"夷",其中含有早日恢复中华、

----

① 曹述敬:《钱玄同年谱》,济南:齐鲁书社,1986年,第117页。
② 钱玄同:《钱玄同文集》,第六卷,北京:中国人民大学出版社,2000年,第125页。

不愿做亡国之民的寓意。

钱三强出国留学之前，父亲找他谈心，勉励他珍惜难得的机会，学成后不要忘记报效祖国。"人多可以是大国，但未必是强国。要使自己的国家强大起来，必须有先进的思想，先进的科学。否则，只能任人宰割。你现在出国学习，不正是将来报效祖国，造福社会的好机会吗？"①钱三强就是抱着这种满腔救国热情离开祖国前往法国求学深造的。父亲的爱国情怀对钱三强起着潜移默化的作用，影响深远，也奠定了钱三强朴素爱国主义的思想基础。诚如钱三强自己所言，"他的大义凛然的爱国主义精神，一直对我们起着深刻的教育作用"②。

（二）进步导师的言传身教

钱三强留学法国时的导师约里奥-居里不仅是世界顶级核物理学家，而且是具有强烈爱国精神和社会良知的知识精英，他一生都在为发展祖国科学事业和世界和平而努力奋斗，积极地用自己的言行去影响身边的人。在实验室里，约里奥-居里孜孜不倦地献身科学研究，当人类遇到核战争的危险时，他挺身而出为抵制核武器而奔走呼号。德军占领巴黎时，约里奥先生

---

① 葛能全：《科学巨匠——钱三强》，石家庄：河北教育出版社，2001年，第55—56页。

② 钱三强：《徜徉原子空间》，天津：百花文艺出版社，2000年，第15页。

积极从事地下救亡活动,并且担任一个抵抗运动组织的领导人,顽强地和法西斯侵略者进行了地下斗争。

"法国当时国内的抵抗运动有两个组织。一个组织的主要成员是天主教会、农民和小学教师,国内领袖是比杜,这是戴高乐派。另一个组织的参加者主要是科学工作者、教授和其他高级文化人士,这个组织的领袖就是约里奥-居里先生。这些当然是不能公开的,但我隐约也有一点感觉。而且,有一次我还偶然发现过他的假护照。约里奥先生的助手和学生中,许多都是法国共产党的党员,后来跟我一起工作的沙士戴勒(R.Chastel)和微聂隆(L.Vigneron)也都是法共党员。就这样,约里奥-居里的实验室,表面上是处在德国占领之下,德国人根特纳是实验室的监督;实际上却是地下活动的据点。"①

"二战"后,约里奥把更多的时间、精力投入到保卫人类的和平之中,并担任了首届世界人民保卫和平大会主席,为保证科学发明用于增进人类的富裕与幸福而努力奋斗着。他有一句关于科学家职责的名言:科学家的天职叫我们应当继续奋斗,彻底揭露自然界的奥秘,掌握这些奥秘便能在将来造福人类。他成了自己名言的忠诚实践者。

1948 年,当钱三强把爱国主义思想化为实际行动,向导师辞别时,约里奥夫妇虽然对此感到惋惜,很舍不得他离开居里

———————————

① 钱三强:《徜徉原子空间》,天津:百花文艺出版社,2000 年,第 135 页。

实验室,但是约里奥表示说:"作为一个科学家,说实话,我不希望你这个时候回到战乱的中国去。你现在回国,不可能立刻顺利做科学工作,时间是宝贵的。"又说:"如果没有做最后决定,我希望你在巴黎再留些时间,现在正是你科学上的重要时期。"钱三强十分动情地向约里奥表达了自己的心情:"我同样想到了这些,也是舍不得离开这里。我的科学生涯,是在您和伊莱娜夫人指导下开始的,我永远不会忘记这一点。但同样,我从来也没有忘记我的祖国,现在我的国家很落后,正需要发展科学技术,我想应该尽早回去为祖国效力。"①听了钱三强的陈述后,约里奥夫妇都表示理解和赞成他的决定。约里奥-居里鼓励他说:"我要是你,我也会这样做的……祖国是母亲,应该为她的强盛而效力。"②导师伊莱娜·居里勉励他说:"我俩经常讲,要为科学服务,科学要为人民服务,希望你把这两句话带回去吧!"

导师的临别赠言后来成了钱三强的座右铭。钱三强在居里实验室学习工作长达11年,耳濡目染导师的爱国思想与行为,并大受感染,加深了其对爱国主义思想的理解。他无疑意识到,科学家可以兼备献身科学与爱国。科学家献身科学的最终目的是为人民服务,报效祖国。只有实现两者的统一才能报

① 葛能全:《钱三强传》,济南:山东友谊出版社,2003年,第198页。
② 郭奕玲:《伟大的发现》,北京:北京科技出版社,1989年,第29—30页。

效祖国,实现自己的人生价值。正因为这样,钱三强在留学期间把爱国主义思想作为自己行为的指南,在自己人生奋进的关键征途中,真正做到了学习科学文化与加强思想修养的统一,学习书本知识与投身社会实践的统一,实现自身价值与报效祖国的统一。因而,我们可以说:崇高的爱国主义思想培养造就了钱三强,使他成为学界泰斗、科技明星;他身上洋溢着的爱国主义精神和他以后为祖国人民做出的巨大贡献,又使他成为道德楷模。

值得一提的是,约里奥十分同情被压迫民族,是一位忠诚于工人阶级事业的坚强的国际共产主义战士,对中国人民素有好感。钱三强回国时,约里奥夫妇就把当时还很保密的重要数据告诉了他,还将一些放射性材料及放射源交给他带回国。1951年,他们的另一位中国弟子杨承宗获得博士学位回国辞行时,约里奥-居里对他说:"原子弹没有什么可怕的。原子弹的原理不是美国人发明的。争取世界和平,反对原子弹的最好办法是自己研究制造原子弹。如果许多国家都会造了,也就没有什么秘密可言,请转告毛泽东主席,要反对原子弹,就必须有自己的原子弹!我相信你们一定能掌握原子弹的奥秘。"①伊莱娜·居里还将亲手制作的10克含微量碳酸镭的碳酸钡标准源

① 科学家专辑大辞典编辑组:《中国科学家传记》,第六卷,北京:科学出版社,1991年,第245页。

送给杨承宗,作为对中国人民开展核科学研究的一种支持,这成了我国开展原子能放射性计量研究的最基础实物,帮助新中国核研究走上了关键一步。

(三)组织管理的实践

1937年,钱三强抱着"科学救国"的朴素爱国主义思想留学法国。1948年回国后希望把国内核物理人才聚集起来,开展核物理研究,并获得财力方面的支持。几经碰壁,钱三强的希望化为泡影,自己也感到非常失望。

就在钱三强为聚集国内人才开展核物理研究奔波无果半年之后,事情出现了转机。1949年3月上旬,北平军管会主任叶剑英派丁瓒通知钱三强,准备4月参加中国代表团出席第一届世界人民保卫和平大会,大会的主席是钱三强在法国攻读博士学位的导师约里奥-居里先生。接到通知后,钱三强考虑,作为中国代表团唯一的核物理学家,应该有自己业务方面的一份责任,若借这次去巴黎的机会,托自己的导师帮助购买开展原子核科学研究所需的仪器设备和图书资料,既可以打破封锁运带回国,又可以买到价格合理的东西,再好不过。而且中国将来要搞原子能事业,这些都是必备的东西。钱三强抱着试试看的心理,把自己的想法告诉了代表团副秘书长丁瓒,并且估算要20万美元的数额。此后三天未见回应,钱三强盼望着未知的结果，同时也深为自己的冒失行为感到忐忑不安。

然而，令钱三强意想不到的是，几天后，中共中央统战部部长李维汉在中南海怀仁堂附近一间小房子里约见了钱三强，并对他说："你想趁开保卫世界和平大会的机会，订购一些研究原子核科学需要的器材，中央很支持。你提的预算20万美元的数目，可能不是一次能用完；北平刚解放，国家经济还需要恢复，因此这次预备先在代表团带的费用中支付5万美元，以后再陆续支付。中央对发展原子核科学很重视，希望你们好好筹划。代表团秘书长是刘宁一同志，你过去很熟悉，这次需要支付款项时和他商量办理即可。"①

听到这个传达，钱三强心如潮涌，热泪盈眶。当钱三强得到那笔用于发展原子核科学的美元现钞时，喜悦之余，感慨万千。因为这些美元散发出一股霉味，显然是刚从潮湿的洞库中取出来的。不知道战乱之中它曾经有过多少次火与血的经历！今天却把它交给了一位科技工作者。这一事实使钱三强自己都无法想象。尽管5万美元对于发展原子核科学所需，不是过大的要求。然而中国共产党领导人的远见卓识和治国安邦之道，一举之中昭然可见，让人信服，给人希望。新旧对比，钱三强进一步认识到，共产党是真正为国家和人民长远发展着想，是高度重视包括原子核科学在内的科学事业的。

---

① 钱三强：《钱三强科普著作选集》，上海：上海教育出版社，1990年，第11页。

新中国成立后，钱三强因年富力强，比较活跃，党中央对他非常信任，多次邀请他参加重要的国内外政治活动，在社会上颇有影响和声望。1949 年 9 月 21—30 日，钱三强参加了中国人民政治协商会议第一届全体会议，并当选为全国委员和常务委员。同年 10 月 1 日，还应邀登上天安门城楼，出席中华人民共和国开国大典。钱三强还参加了中国科学院的筹备工作，科学院成立后，钱三强先后被任命为计划局副局长，局长、副秘书长。中国科学院近代物理研究所成立后，钱三强先后担任副所长、所长。

抗美援朝战争时，世界和平理事会成立了"调查在朝鲜和中国的细菌战事实国际科学委员会"。委员会到达北京后，周恩来总理指定廖承志负责这个委员会的一切工作，同时委派钱三强担任委员会和我国科学家之间的联络员。在严酷的战争气氛中，委员们和中朝两国的专家为了和平事业不顾个人安危进行实地调查，最后得出美国确实在朝鲜和我国东北地区进行了细菌战的结论，并向全世界予以公布，激发了世界爱好和平人士的义愤，有力地打击了侵略战争行为。① 钱三强在这场斗争中受到了实际锻炼。

"在这次过程中，我体会到按科学精神办事并不那么简单，这里的关键是立场问题。反细菌战调查工作后，我的觉悟有所

① 钱三强：《钱三强科普著作选集》，上海：上海教育出版社，1990 年，第 13—14 页。

提高,向科学院党组织提出入党的要求,一年后(1954)批准入党。在这以后,我注重学习马列主义著作和毛主席的《实践论》《矛盾论》等著作。"①当中国科学院院长郭沫若得知钱三强入党的喜讯后,非常兴奋,欣然为他书写了一段马克思的名言以示祝贺:"在科学上没有平坦的大道可走,只有那些不畏劳苦,在崎岖小路上攀登的人,才有希望达到光辉的顶点。"1955年,钱三强参加了专门研究发展我国原子能事业的中共中央书记处扩大会议。从此,钱三强把全部精力投入到原子弹研制工作的科技管理中。1956年11月,钱三强更是被委以高级技术领导重任,被任命为新成立的第三机械工业部(1958年2月改为第二机械工业部)副部长,时年43岁。

以科学家的身份且如此年轻就担任如此高级的技术领导人,在当时罕有其匹,由此可见中央对其的信任。同时,钱三强还是中国科学院副秘书长。他一身而兼二职,是架设在中国科学院与第三工业机械部之间的桥梁和纽带,实现了两个部门之间长期、良好、有效的合作,起到了别人起不了的作用。当时的部长宋任穷及其他几位部领导与钱三强合作共事中,对他十分尊重,在科技建设和发展等方面的重大问题,注重同他商量,听取他的意见。政治上的高度信任,使钱三强在政治上没有任何

---

① 钱三强:《谈谈我从爱国主义思想转变为马克思主义思想的实践过程》,《自然辩证法研究》,1991年第1期。

思想负担,在心理上充满了自豪感和光荣感。因此能够在组织协调科技攻关中竭尽全力,不辞辛劳,为中国原子能事业的发展做出杰出贡献。

科研管理的实践给钱三强实现报效祖国的夙愿提供了广阔的舞台,也使钱三强的爱国主义精神在组织信任中得到了极大的升华,进入了自觉的境界。在苏联撕毁协议,撤走专家,我国原子能事业处境十分艰难的时候,钱三强说:"作为一个有爱国心的知识分子,此时此刻的心情是什么滋味?我很清楚,这对于中国原子核科学事业,以至于中国历史,将意味着什么。前面有道道难关,而只要有一道攻克不下,千军万马都会搁浅。真是这样的话,造成经济损失且不说,中华民族的自立精神又一次受到莫大的创伤。"[1]

可见,此时的钱三强已经完全形成了献身祖国国防的自觉的爱国主义精神。同时,钱三强的科学人生也印证了江泽民同志的重要论断:"一个国家的科技事业与这个国家的命运是紧密相关的,科学家的事业与自己祖国和民族的命运是联系在一起的;只有在实现国家独立、安全、稳定的前提下科技事业才能不断发展,只有献身于祖国和人民事业的科学家才能大有作为。"[2]

---

[1] 彭继超:《东方巨响》,北京:中共中央党校出版社,1995年,第120页。
[2] 江泽民:《论科学技术》,北京:中央文献出版社,2001年,第189页。

三、钱三强爱国主义精神的当代启示

通过追寻钱三强爱国主义精神形成和发展的历史轨迹,分析其自觉爱国主义精神形成的原因,我们得到一些有益的启示。

(一)培养爱国主义精神必须通过教育和磨炼

钱三强出生于进步家庭,从小耳濡目染父亲的朴素爱国主义思想和行动,自己在潜移默化中受到熏陶和感染,这为以后形成自觉爱国主义奠定了思想基础。导师的言传身教则加深了钱三强对爱国主义精神的理解。同时,我们也看到,钱三强早年在清华大学毕业后曾面临纯科学至上的科学主义观念对钱三强投身国防科技产生影响。"我毕业后,有两个可供选择的前途。一个是到南京军工署研究机构工作,另一个是到北平研究院物理研究所去。我父亲钱玄同不愿意让自己的孩子与那种军事机构有什么联系,主张我选择后者。吴有训先生也赞成,他写了一封信,把我推荐给当时物理研究所的所长严济慈先生。严先生很高兴,分配我从事分子光谱方面的研究,并兼管研究所的图书室。"①在法国功成名就后,钱三强并没有如同事所猜测的那样会一直待在条件优越的国外,而是决心以其知识为发展祖国的科学事业效力。关于他的这一决心,《猗猗原子空间》有一段至为感人的自白:

　　一个外国科学工作者在法国晋身为"研究导师",又获得了一定的荣誉,很自然,周围的人们都据此以为我们会长期在居里实验室工作下去。

　　但是,我和泽慧的想法很明确:虽然科学没有国界,科学家却是有祖国的。祖国再穷,是自己的;而且正因为她贫穷落后,更需要我们去努力改变她的面貌。②

这真是一段掷地有声的话。它说明尽管钱三强到法国是为了学习深造,但是热爱祖国的赤子之情已经融入他的血液里,绝不是优厚的物质条件能够动摇的。新中国成立后,年富力强的钱三强深受党的信任,屡次被委以重任,成立新中国成立初期重要的技术领导人。他在全身心致力于发展我国科技事业的同时,也从党的"知心朋友"成长为光荣的中国共产党党员。1954年1月26日,由张稼夫、于光远介绍,钱三强庄严地

① 钱三强:《猗猗原子空间》,天津:百花文艺出版社,1999年,第127页。
② 钱三强:《猗猗原子空间》,天津:百花文艺出版社,1999年,第113页。

在党旗下举手宣誓:愿为共产主义事业奋斗终身。从此,钱三强把爱国与信仰、追求共产主义紧密地联系在一起,体现了钱三强爱国主义精神的激情与理性的结合。爱国主义思想与共产主义思想相融会是钱三强爱国主义精神的发展高峰。

钱三强从早年的朴素爱国主义情怀,到大学毕业时选择纯科学研究而放弃到军工单位工作,中青年时把主要精力献身科学,再到回归祖国、献身祖国国防科技的自觉的爱国主义精神,这一思想精神变化的历程给人的启迪是深刻的:科技人才的职业和工作易于自发形成献身科学的精神,而自觉的爱国主义精神则必须通过教育与磨炼才能养成,社会实践则是砥砺爱国主义精神最有效的途径。

(二)爱国主义是报效国家的强大精神动力

爱因斯坦在普朗克六十寿诞的庆祝会上没有按照惯例赞扬受庆贺者的科学成就,而是畅谈了一般为学术界忌讳的科学探索的动机,以表示对普朗克的高尚情操和献身精神的由衷赞美:

> 在科学的庙堂里有许多房舍,住在里面的人真是各式各样,而引导他们到那里去的动机实在也各不相同。有许多人所以爱好科学,是因为科学给他们以超乎常人的智力

上的快感,科学是他们自己的特殊娱乐,他们在这种娱乐中寻求生动活泼的经验和雄心壮志的满足;在这座庙堂里,另外还有许多人所以把他们的脑力产物奉献在祭台上,为的是纯粹功利的目的,如果上帝有位天使跑来把所有属于这两类的人都赶出庙堂,那么聚集在那里的人就会大大减少,但是仍然还有一些人留在里面,其中有古人,也有今人。我们普朗克就是其中之一,这也就是我们所以爱戴他的原因。

　　我很明白,我们刚才在想象中随便驱逐了许多卓越的人物,他们对建设科学庙堂有过很大的也许是主要的贡献;在许多情况下我们的天使也会觉得难于做出决定。但有一点我可以肯定:如果庙堂里只有我们刚才驱逐了的那两类人,那么这座庙堂就绝不会存在,正如只有蔓草就不成其为森林一样。因为,对于这些人来说,只要有机会,人类活动的任何领域他们都会去干;他们究竟成为工程师,官吏,商人,还是科学家,完全取决于环境。①

爱因斯坦在这里提出了科学探索的三种动机,三者都具有浓厚的个人色彩。智力娱乐、功利追求、安宁向往无一不是以

---

① 许良英、范岱年编译:《爱因斯坦文集》,第一卷,北京:商务印书馆,1976 年,第 100—101 页。

个人为中心的动机。"事实上,科学家探索的动机比爱因斯坦所述更广泛,尤其是经历二次大战,国防科技创新成为大国不可或缺的重点战略以后,科学探索的动机向国家需求和支持正义发生重大倾斜,爱国主义和反法西斯主义普遍成为科学探索的强烈动机,中外各国概莫能外。"①科学研究的动机,与世界观、人生观、价值观密切相关,是科学家深层意识形态的反映。科学研究动机的不同,在很大程度上决定着科学家的研究方向和研究课题。参与原子弹研制时,爱国主义作为最强大的精神动力把科学家的创造力发挥到极致。

从钱三强的成长和工作经历中可以看到,无论是怀抱"科学救国"信念考入清华学习理科,还是留学期间放弃国外优越条件毅然归国;无论是在受不公正待遇的日子里,还是在重新获得工作机会后,钱三强始终以矢志不移的爱国情怀为精神动力,按照"虽然科学没有国界,科学家却是有祖国的""要为科学服务,科学为人民服务"这些朴素而崇高的理念去思考和实践着。新中国成立后,他服从大局需要,基本放弃了自己的科研工作,更多地承担了行政事务。从此,他的成就不再以论文的形式来衡量了,其"献身祖国"的精神显然超越了"献身科学"的精神。

这就启示我们:高素质国防科技人才的培养与纯粹基础科

---

① 朱亚宗:《科学家的精神动力与爱国主义》,《湖南社会科学》,2005 年第 6 期。

学人才的培养要有所不同，"献身祖国"的精神与"献身科学"的精神一定要同时抓，而且必须要以"献身祖国"的精神来统帅"献身科学"的精神。"可以毫不夸张地说，在国防科技这个计划性强、保密性严、应用为主而非市场化的领域里，最强烈、持久而普遍的精神动力是爱国主义，它超越时空，古今中外，概莫能外。

1971 年杨振宁到中国访问，询问同在清华读书，又同在美国获博士学位的物理学家邓稼先，中国的原子弹和氢弹是否确是自力更生研制？邓稼先据实复信，杨振宁在上海接信后得知两弹全部由中国人自己制成，不禁潸然泪下，不得不离开宴席走进洗手间。当年与邓稼先处于同一起点的杨振宁，沿着纯科学之路攀上世界科学最高峰，荣获诺贝尔物理学奖，成为叱咤风云的物理学大师，邓稼先则隐姓埋名默默奉献于中国的两弹工程，成为中国国防科技的功臣。隐藏在杨振宁激动情绪背后的思想是复杂的，既为好友失去原创性纯科学成就惋惜，更有对好友为国献身的爱国主义精神的敬仰。①

（三）必须坚定不移高举爱国主义伟大旗帜

近代中国屡屡遭受外来侵略，国家积弱积贫，科技远远落

---

① 朱亚宗：《科学家的精神动力与爱国主义》，《湖南社会科学》，2005 年第 6 期。

后于西方。科技专家，特别是 20 世纪初出生的科技专家，面对深重的国难，心中产生很深的郁闷和苦恼。他们纷纷出国学习西方科学技术和发展工业的经验，想走"科学救国""教育救国""实业救国"的道路，但令人遗憾的是都没有走通。新中国的成立，使这些怀揣爱国精神的科技专家看到了民族复兴的希望，纷纷回国参加新中国的建设和发展，把"救国""报国"的愿望落到实处。钱三强等一批老科学家就有这种亲身经历。①

20 世纪五六十年代，以钱三强为代表的核科学家群体怀着强烈的民族意识和爱国精神，为了早日打破超级大国的核垄断和核讹诈，以高度的使命感和责任心投身于原子能事业，不畏艰难险阻，超乎寻常地忘我工作，顽强拼搏，取得了一个又一个的胜利，使我国的原子能事业取得了彪炳千秋的伟大成就。在这项伟大的事业中，科技人员把自己的命运与国家最高利益紧密联系在一起，使自己的价值得到淋漓尽致的发挥，实现了自己的人生目标和理想抱负，同时也得到了国家和人民的肯定。历史启示我们，国运的兴衰浮沉，影响个体的安危荣辱。在波澜壮阔的民族复兴进程中，个人命运已与祖国命运紧密相连，个人发展已与民族发展融为一体，实现中华民族伟大复兴，离不开全体中华儿女的团结奋斗，也是全体中华儿女义不容辞的职责。

---

① 言实：《我国核事业历史成就中的科技知识分子政策》，《中国核工业》，2007年第 10 期。

　　马克思指出："作为确定的人，现实的人，你就有规定，就有使命，至于你是否意识到这一点，那都是无所谓的。这个任务是由于你的需要及其与现存世界的联系而产生的。"①历史赋予每一代不同的使命。钱三强以国家利益至上投身于中国原子能事业，为我们留下了一代师表的光辉形象，必将成为时代的楷模和不朽的精神力量，感召着一代又一代科技人员专注事业、赶超过去，为我国科技事业的持续发展做出新的更大的贡献。当前，实现中华民族伟大复兴是历史和时代赋予我们这代人的庄严使命。

　　无数历史事实表明，"爱国，是人世间最深层、最持久的情感，是一个人立德之源、立功之本"②。未来征程上，我们必须坚定不移高举爱国主义伟大旗帜，大力弘扬爱国主义精神。只有这样，才能广泛凝聚中华民族一切智慧和力量，团结一切可以团结的力量，万众一心为实现中华民族伟大复兴而奋斗。

① 《马克思恩格斯全集》，第 3 卷，北京：人民出版社，1960 年，第 329 页。
② 习近平：《在北京大学师生座谈会上的讲话》，《人民日报》，2018 年 5 月 3 日。